伸びる子は
土台で決まる

「そろばん先生」が実践する
やる気向上↑メソッド

ジャーナリスト 塩澤 雄二
監修 石戸 謙一

青月社

まえがき

「子育て」の未来が見えない時代に必要とされ始めた「そろばん先生」

2018年度までには、国立大の新規入学生の3割はAO・推薦入試枠となる。これは個別の2次試験を廃し、面接と書類審査で合否を決めるものだ。書類審査は高校の評定が用いられる。背景には一定の学力がある第1志望の推薦入学者は、一般入試を勝ち抜いた学生よりも学習意欲が高く、4年での卒業率も高いという実情がある。

つまり、少子化が進む中、戦後続いてきた「入試」の点数を競う選抜方式ではなく、こつこつと基礎学力を身に付けた「勉強のできる」人材を求める大学が増えていくと予想される。それは卒業後の社会のニーズとも一致する。横並びの試験結果の数値的評価や成功体験はあっても、自分から取り組む意欲、考える力、効率的な学習能力がないまま社会に出るため、課題解決能力が低い新入社員は、企業のみならず、社会の課題そのものとなっているからだ。

一方で、多くの大学で新入生の基礎学力の低下が問題となり、1年次を高校で学んでいたはずの基礎的な学習の復習に当てる大学も少なくない。大学入試の試験勉強をピークとしてきた

まえがき

幼児期からの学習内容が問われる時代がやってきたといえる。

これまでとは異なる教育環境が生まれている中、今の児童・子どもたちに将来を見据えた学びの環境や学びの能力をどう与えてあげれば良いのかは、多くの親にとって未経験の悩みだ。本書は、その解決の1つの例としてそろばん学習を取り上げる。

前著『できる子はやっぱりそろばんをやっている』（2007年）では、幼児期の脳力開発により、小学校就学後の学習意欲の向上や成長過程でさまざまなことへ取り組む意欲など、計算能力にとどまらないそろばん学習の可能性について紹介した。

2016年現在、子どもたちの将来には、受験制度の改革だけでなく、先行き不透明な社会、多様性が求められる働き方や生き方など、さまざまな課題が予測される。そうした中、そろばん教室は日本各地で再評価され、教室数の拡大が進んでいる。

本書では、その実態を取材し、そろばん教育の担い手である「そろばん先生」の存在が課題解決に大きく寄与していることを浮き彫りにする。「子育て」が社会課題として認識され、多くの親が不安を抱える時代にあって、本書が一助となれば幸いである。

目次

まえがき――2

第1章 今、なぜ「そろばん先生」が必要とされているのか

1 そろばんの力――14
変わる教育環境、必要とされる「力」とは? 14／学習塾も注目し始めたそろばん学習の効果 17

2 そろばん教室の衰退が生んだ「そろばん先生」――20
なぜ「そろばん博物館」が千葉県白井市にあるのか 20／〝ごぢんまり〟というスケール・メリット 23／それまでのそろばんの〝当たり前〟を疑うことから始まった 25／他人の過去に答えはない。未来に向かって自分で作る 29

3 〝できる子〟を育てる「いしど式」の誕生――32
スポーツの科学的トレーニング法に着目 32／イメージトレーニング法をそろばん学習に応用する 34／

「いしど式」そろばん学習方法の誕生 36／子どもの成長の〝物語〟を親・子・先生の3者で共有する 41
／そろばん教室が作ってしまった〝できる子〟と〝できない子〟 42／自分の可能性と出会える珠算連盟、
検定制度を確立 44／スモールステップ方式で成功体験を重ねる 46／〝無学年〟のフラットな学習環境
が本当の実力を育む 47／自分を大切にする＝他人を大切にする気質を育てる「しつけ効果」 50

4 「いしど式」は「そろばん先生」も育てる――52
「そろばん先生」は誰でもなれる 52／「いしど式」なら半年で「そろばん先生」になれる 54／百聞より一
見、一見より実践 56／続々と増え続ける「いしど式」そろばん教室と「そろばん先生」たち 59

そろばんをやっている子は何が変わる？❶――62

第2章 日本、そして世界で活躍する「そろばん先生」

1 激戦区の学習塾が選んだ「いしど式」
むぎ進学教室（静岡県）――64
学習に必要な「土台力」を育てる 64／効果の実感が口コミで広まる 67

2
将来の伸びしろとなる生徒の基礎学力・能力を高める
きらめキッズ速学くらぶ（大分県）――69
〝できる子〟を育てるそろばんの謎を探る 69／幼児教育と雇用の創出で地域貢献 72

3
新聞販売店の店舗空間と空き時間を有効活用
パチパチそろばん速算スクール（神奈川県）――75
かつて学んだそろばんを活かした併業 75／本業の合間に可能だった開校準備 77／空き時間・空きスペースの有効活用 79／地域貢献の場としてのそろばん教室 82

4
家業との併業で地域貢献の夢を叶える
チャレンジそろばん（福岡県）――84
児童教育は地域の課題 84／本業を続けながら資格を取る 86／子どもたちの自信と誇りを育む 89／第二の人生の〝本業〟を準備する 90

5
優れた「そろばん先生」育成の研修制度
いしど式速算義塾（東京都）――92
これからの人生を賭ける事業を見極める 92／厳しいチェックで見極めた確かな〝質〟 95／そろばん未経験から「そろばん先生」になる 98／コツコツやればできるという事実を伝える 100／挑戦は終わらない 101

6
セカンドライフに選んだ「そろばん先生」
石戸珠算学園 おおあみ中央教室（千葉県）――102
割り算が苦手な米国人学生に感じた不安 102／児童教育に関わるためのそろばん 104／自分でもできるのかという不安をぶつける 106／第二の人生をリスタート 108

7
海外に広がる「そろばん先生」❶ グアテマラ――112
国づくりの礎となる人づくり 112

8
海外に広がる「そろばん先生」❷ ポーランド――116
外国語のそろばんの教科書作成をサポート 116

9
海外に広がる「そろばん先生」❸ 教育を平和を生み出す〝武器〟に――119
「そろばん先生」は国境を越える存在 119／そろばんのブランド力を守る 120／そろばんは平和を生み出す武器 122

10
「そろばん先生」のやりがい――124
「そろばん先生」への道 124／人生の「土台」を作る 125／現役会社員に勧める「そろばん先生」への準備 127

／「そろばん先生」にできること❶子どもを見守る　129／「そろばん先生」にできること❷地域活性化の拠点施設　130
そろばんをやっている子は何が変わる？❷――132

第3章 「そろばん先生」は何を教えているのか？

1　「そろばん先生」は、児童教育の理想――134
「モンテッソーリ教育」との共通点　134／学習の吸収力を高めるそろばん　138／「いしど式」そろばん学習をマニュアル化　140／「任せてください」と言わない教育　141／小学校入学前に自己肯定感が身に付く　144

2　「そろばん先生」は生涯教育の担い手――148
そろばん学習は何歳からでも始められる　148／そろばん学習で「自分の尺度」を作る　149

3　「そろばん先生」は1人で教えるのではない――154
「そろばん先生」に必要なマネジメント能力　154／「そろばん先生」も成長を続ける　156
そろばんをやっている子は何が変わる？❸――158

第4章 子どもたちはそろばん学習から何を身に付けるのか？

1 そろばん学習から得られるもの——160

2 苦手だった算数の計算が自信を持って「得意」と言えるように——162

3 自分に向き合う集中力とライバルと競い合う向上心が持てた——166

4 飽きっぽかった子が「そろばん先生」の声かけで続ける価値を知った——168

5 ネガティブな内向き思考が積極的なチャレンジ精神に変わった——170

6 勉強への自信が持てたので小学校の学習が不安なくスタートできた——172

7 「そろばん先生」の接し方が子どもの気持ちを引き締めてくれた——174

8 友だちに付いていくばかりの子に積極性が見え始めた——176

そろばんをやっている子は何が変わる？ ❹——178

第5章 少子高齢化時代の社会に必要な「そろばん先生」

1 地域社会に必要なそろばんの力——180
地域社会の課題をそろばんが解決 180／「大人そろばん」の効果 182／子どもの頃のそろばん学習が人生を豊かにする 184

2 生きがいを支えるそろばんの可能性——186
セカンドライフのセカンド起業 186

3 「そろばん先生」は世界で必要とされる——188
「そろばん先生」はあなたかもしれない 188

4 「そろばん先生」という人生の選択——190
地域から必要とされる存在になる 190／自分の人生を自分で選択する 192

あとがき——196

第1章

今、なぜ「そろばん先生」が必要とされているのか

1 そろばんの力

変わる教育環境、必要とされる「力」とは？

前著『できる子はやっぱりそろばんをやっている』（２００７年）では、児童教育の低年齢化がブームになる中、改めて注目を集めているそろばん教室について、その実際を探った。そろばん教室の現場や子どもを通わせる親たちを数多く取材し、〝できる子〟とは何ができるようになるのか、そろばんの学習を続けることで子どもたちの〝何が〟変わるのかを紹介した。

子どもたちに共通して身に付く「力」には、次の7つがあった。「集中力」「忍耐力」「記憶力」「自信」「競争力」「判断力」「基礎能力」である。

いずれも小学校に入学後、1科目45分間の授業に向き合う上で必要とされるものばかりだ。就学時まで、もしくは低学年のうちに、そろばん学習を介してこの7つの力が身に付くことで、小学校での勉強にスムーズに適応できる。前著では、そうした親たち・子どもたちの実体験や実感から、幼児期のそろばん学習の経験が、その後の学習・生活における姿勢の基礎を準備さ

そろばん学習で身に付く７つの力

集中力	小学校低学年では、1つのことに集中できる時間は約15分。気分転換を入れてものべ30分が限界といわれている。しかし、小学校の授業は40分間あり、初めて授業を経験する子どもたちは苦痛に感じてしまう。そろばん教室は、１回が基本的に60分間程度で、課題に取り組むことが習慣化され、長時間の集中力が身に付く。
忍耐力	そろばん学習はミスとの闘い。何度もくり返し練習を重ねることで、ミスをなくして正解にたどり着けるようになる。「最初はできなくても、努力を続けるうちに必ずできるようになる」ことを学び、忍耐力が自然と身に付く。
記憶力	丸暗記や詰め込み式の学習は、数字や文字を覚える左脳の働きを使うが、画像化したイメージをつかさどる右脳の働きを鍛えることで、見て、覚えて、長くとどめる記憶力が強化される。情報処理を視覚的に捉えるそろばんは右脳を鍛えられると考えられている。
自信	小学校の授業を、難しい、できない、つまらないと感じると学習意欲や習慣が身に付かない。計算が速い、答えが正確、授業に集中できるなど、ささいなことであっても学習ビギナーの子どもには大きな自信となり、学習に取り組む熱意も生まれてくる。
競争力	集団教育の場では、一斉のスタート、一定程度の理解が重視され「競争」する機会が減る傾向にある。そろばん教室では、同じ教室内で実力の差を意識しながら追いつき、追い越す競い合いが日常的に行われ、互いを高め合う環境がある。また競技会に参加して、より広い視野で自分の実力を見つめ直す機会も多い。
判断力	そろばんは、数字を珠に置き換えて答えを出す「計算機」としての使い方を練習するのではなく、正確な判断をすばやく行えるようになる訓練だといえる。判断力は、社会生活を営む上で大切な決断力にもつながる。
基礎能力	見る、聞く、確認する。それをくり返すことで、脳の活動を活発にし、その「容量」を増やす。そろばんは、数式を確認する実務能力だけでなく、五感と脳の働きを高め、ものごとをすばやく正確に判断する力を養う。

せることに役立っていることを伝えた。

さらに、「競争力」「判断力」を持って成長することで、学校生活、受験勉強、人生選択においてもしっかりした自己形成がなされ、将来展望を持って自主的な取り組みが可能な「人間」に成長していく事例も紹介した。

あれから年月が経ち、「子どもたち」の教育環境は変わっていった。2002年度から開始されたいわゆる「ゆとり教育」は、2007年から見直しが始まり、翌年、学習指導要領が改訂、2009年度から段階的に授業内容の見直しが進み、小学校では2011年度から「脱ゆとり教育」を目指す授業内容に変わった。

2021年には、大学入試におけるセンター試験が廃止され、高校で学ぶ基礎学力の習得度を見る「高等学校基礎学力テスト（仮称）」と大学に入学する学力を見る「大学入学希望者学力評価テスト（仮称）」の2段階の「到達度テスト」が実施される。対象となるのは2015年に中学校に入学した世代から。これにより、丸暗記型の知識を問う一発勝負入試を改革する「脱ペーパーテスト化」や、大学での学習もままならない基礎学力低下の改善が期待されている。

義務教育を経て、高校の3年間の学習をその過程でしっかり身に付けているかどうか、その基礎学力を背景に大学で学ぶことが可能かどうか、一人ひとりの真の学力が明確に判断される

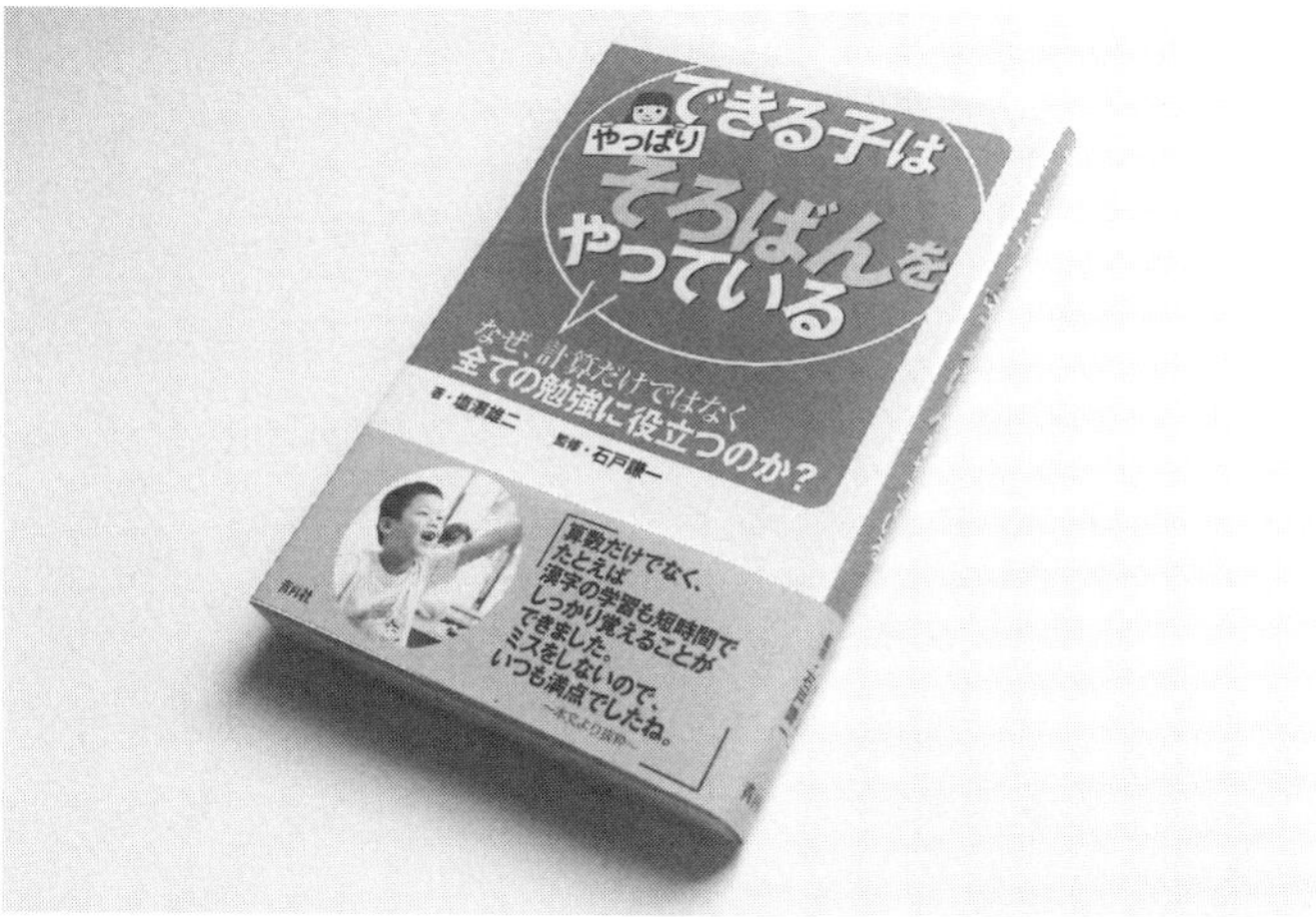

前著『できる子はやっぱりそろばんをやっている』（2007年刊）

ようになる。そのため、「受験勉強をがんばる」「試験でいい点を取る」型の勉強ではなく、日常的な学習姿勢が小さい頃から身に付いている者が大学入試において有利になると考えられている。そうした中で、前著で紹介した「７つの力」は、必須の基礎学習能力として、今後ますます注目されていくだろう。

学習塾も注目し始めた そろばん学習の効果

その先取りともいえる動きを見せているのが学習塾だ。もともと学習塾は、中高一貫校の入試対策など、受験競争の低年齢化に対応してきた。現在、子どもたちの多くは、小学校４年になると習い事やスポーツクラブを一旦中断し、学習塾通いを選択する。それは、そろばん教室に通う子どもも同様で、両者は長くライバル関係でもあった。

ところが、少子化に伴う児童数の減少は、学習塾間の競争を激しくさせ、生徒確保のための工夫が求められるようになった。そこで、学習塾がそろばん教育に注目し始めたというのだ。幼児から小学校3年くらいまでにもともとあったそろばん学習の需要を学習塾が取り込むことで、早い段階からの「顧客の囲い込み」が期待できるという経営戦略が背景にある。

2021年の大学入試の改革に向けて、学校教育の現場も学習塾の指導内容も変化し始めているわけだが、現在、幼児や小学生の子どもを持つ親たちは、かつての受験戦争世代であれ、ゆとり世代であれ、わが子の将来に向けて何を準備したらいいのか、自分の経験からは予測不可能な状態だ。

本書では、前著で紹介した、児童教育としてのそろばん学習の現在を改めて取材することで、子どもたちの未来を見据えた学習環境として、そろばんがますます注目を集めている理由を探った。

前著の取材および監修には、千葉県を中心にそろばん教室を展開していた石戸珠算学園の創設者である石戸謙一氏（以下、石戸先生）に協力を得た。今回も、その知見の助けを得ようとアポイントメントを取ると、石戸先生は、現在は会長兼「白井《しろい》そろばん博物館」の館長として活動されているという。

教育現場の一線は退《ひ》かれたのかと思ったが、取材してみると、それとは真逆の新たな熱意でそろばん学習の発展に取り組んでいる最中であることがわかった。その取り組みとは、「1人でも多くの『そろばん先生』を育てる」こと。なぜ、今、改めて「そろばん先生」の養成が必要なのか？　そもそも「そろばん先生」とは何か？　次節では、石戸先生自身が「そろばん先生」になっていった過程を振り返りつつ、これからのそろばん学習の可能性を知る上で重要な存在となる、新しいタイプの「そろばん先生」について掘り下げていく。

たどり着いた場所で見えてきたのは、これまでの教育現場で見失われていたもの、今の児童教育に必要なものが「そろばん先生」とそろばん教室には「ある」という発見だった。

2

そろばん教室の衰退が生んだ「そろばん先生」

なぜ「そろばん博物館」が千葉県白井市にあるのか

「白井そろばん博物館」は、千葉県白井市にある。北総鉄道北総線白井駅に降りると、駅の周辺には大きなマンションが林立している。この地域は、白井市・船橋市・印西市にまたがる千葉ニュータウンの一角で、1979年の入居開始以降、白井市の人口は年々増加し、現在では6万3000人を超えている。

しかし、その風景も駅前からタクシーに乗り、県道へ入ると一変する。別名「木下（きおろし）街道」と呼ばれ、交通量は多いが江戸時代の輸送路の名残を残す片側1車線、沿道には古くからの農家と思われる大きな民家が軒を連ねる。

そうした風景に溶け込むように建つ、古民家風の建物が現れた。「ここですよ」と手慣れたようにハンドルを切るところを見ると、地元のタクシーにとって「白井そろばん博物館」は馴《な》染《じ》みの送迎先のようだ。

「白井そろばん博物館」。日本に伝わってから460有余年の歴史があるそろばんを、生活や教育文化等の各方面から考察研究し、地域活性化の一環としてまちづくりのコミュニティーセンターとしても貢献することを目的として開館。国内外のそろばんコレクションの展示や、オリジナルそろばんの制作体験などもできる
開館時間／10時から16時（水～日曜、祝日）　入場料／大人300円、学生200円、幼児無料　所在地／千葉県白井市復1459-12

石戸謙一先生
石戸珠算学園会長、
白井そろばん博物館館長

オープンは2011年。石戸先生が収集した、古今東西のそろばんに関する文献や資料が保存・展示されている。館内に入ると平日ということもあり、来館者はいないようだ。入り口のチャイムに呼ばれて2階から降りてきたのは、石戸先生だった。

白井駅から徒歩なら30分はかかる場所に、なぜ、「そろばんの博物館」を作ったのだろう？失礼とは思いつつ率直にたずねると、石戸先生は、「白井市の特産ですよ」と梨を勧めながら説明してくれた。

「今は商店も少なくなりましたが、北総線開通前は、この街道沿いが旧白井町の中心でした。私が1973年に最初にそろばん教室を開塾したのもこの近く。その縁で、現在の白井のまちおこしに協力したいという思いもあり、念願の博物館をこの地に建て、そろばんの魅力の発信地にしようと思ったのです」

千葉県は梨の産地として有名だが、中でも「白井の梨」は明治の頃から高品質で知られ、生産量も全国屈指、と石戸先生はそろばんと白井の魅力を交互に楽しそうに紹介する。みずみずしい梨は、歯ごたえと芳醇さが程よく、会話のお供には最適だ。「白井そろばん博物館」の年間サポーターになった人には、特典でこの梨が収穫期に送られるという。石戸先生のそろばん愛にも劣らない白井への「郷土愛」は、どこから来るのだろうか？　答えは意外だった。

〝こぢんまり〟というスケール・メリット

「私は、柏市の出身なので、白井市は〝地元〟ではないんですよ。そろばん教室は、商業高校卒業後、社会人として働いた後、改めて大学生となった24歳のときに開塾しました。実は、入学後に結婚し、学費と生活費のために起業を決意したのですが、大きな壁にぶつかってしまったんです。その突破口が、ここ白井だったんですよ」

70年代前半といえば、まだ、そろばんは習い事の代表格。小学生の3人に1人は通う人気の教育産業だった。そのため、都市部はもちろん、どの町にも既存の有名塾やベテランの先生がいて、その既得権に阻まれて新規参入ができなかったのだ。

石戸先生は、商業高校では珠算部の部長、埼玉県で働いていた社会人時代には珠算大会の社会人部門で県代表として全国大会にも出場していた。若い熱意と実力の裏付けがあっての起業だったのだが、それがかえって警戒され、「出る杭は打たれる」という結果になったのだ。

結果、人口の多い都市部での開業はあきらめ、まだニュータウン開発前で、その後の人口増の予想もつかない白井の町に場所を借り、「石戸珠算学園」は〝こぢんまり〟とスタートした。

目新しさはあっても、新規の小さなそろばん教室にはアピールポイントがない。生徒は既存の教室が抱え込み、石戸先生の教室は、少人数、しかもそろばん未経験の年齢の小さな子どもばかりが集まった。

しかし、このこぢんまりとした〝スモール〟さが、思わぬスケール・メリットにつながった。

「当時、そろばん教室といえば実力を伸ばすための特訓主義が一般的。同級の実力を持つ生徒ごとに反復練習をくり返す道場のようなものでした。

ところが、私の教室は人数も少ないので全員が同じ計算問題を一緒に解くようなことはできません。しかたがないので、私が生徒の間を走り回って、一人ひとりにそろばんの使い方から教え、つまずくたびにまた教えるという授業を行いました。

最初は、他に方法がないからそうしたんです」

そうしながら、空いている時間に手製のチラシを戸別にポスティングする地道な募集活動も続けた。当時の既存教室は、長く続いたそろばん教室人気にあぐらをかき、何もしなくても生徒は集まっていたので、戸別にポスティングされるチラシは目新しさもあり、新たに暮らし始めた家庭には貴重な地域情報だった。さらに、数は少なくとも石戸珠算学園に通う子どもの親たちによる「ていねいな指導」「初心者にも手厚い指導」などの口コミが相乗効果になり、入塾希望者が徐々に増加し、やがて白井市内に2つ目、3つ目の教室が開業できるようになっていった。

それまでのそろばんの〝当たり前〟を疑うことから始まった

小さなスタートから確実に経営を広げていった石戸先生は、手応えを感じた。既得権に縛《しば》られた業界であっても、目の前の「お客さま」にしっかり向き合い、心をつかめば市場は開拓できる。〝もう、こっちのものだ〟と思った時期もあったという。しかし、そこで第二の壁にぶつかった。

「評判の良かった指導方法は、暗中模索の新機軸が功を奏しましたが、そろばん教室としての結果がなかなか伴わないことに焦りを感じていました。そろばん教室にとって競技会での成績は唯一の実力評価を得る場といっていい時代。教室を見にきた親が、壁の級数ごとの名簿や飾られたトロフィーの数で教室を見極めるのを、私自身も当たり前だと思っていました。『石戸珠算学園』の生徒たちも県レベルの大会であればたまに優勝することはあっても、そこが限界。なかなかそれ以上にはいかない。そのことに私は焦ってしまったのです」

新進気鋭の若いそろばん教室経営者とはいえ、石戸先生もまた既存のそろばん〝業界〟の中でもまれてきた。競技会で勝つこと、それがそろばんを学ぶ目標であり、目的だという考えに、当時はまだ縛られていたのだった。

ここで、話を石戸先生とそろばんの出会いにまでさかのぼることにしよう。

商業高校に入学した石戸先生が、珠算部に入部したのは〝たまたま〟だった。

「70年代当時のバンカラな校風でしたから、学業だけでなく、何か部活動に入り学校生活を送らないといけない雰囲気がありました。私は、中学時代同様、卓球部への入部を考えていましたが、あまり活動に熱心な部でなかったために断念。野球も好きでしたが、甲子園に出るほどの強豪野球部のため、これも断念。

そこでとりあえず珠算部を選びました。商業高校だったこともあり、クラスメイトの3分の1が同様に〝とりあえず〟入部していたので、本当に何も考えずに入部したんです」

ところがこの珠算部も先輩が全国大会で優勝するほどの強豪だった。部活動は、毎日、放課後は夜7時まで、土日も休みはなく、ひたすらそろばんの「速さ」と「正確さ」を鍛える練習をくり返す日々だった。〝とりあえず〟〝なんとなく〟入部した大勢の1年生は、またたく間に数が減っていった。

しかし石戸先生は残った。根っからの負けず嫌いの性格から、環境はどうあれ、その中でそろばんを上手になる、強くなることに取り組んだ。入部当時3級程度だった実力は、半年で1級を取るレベルまでに上達した。「しかし」と現在の石戸先生は表情を曇らす。

「ちっとも楽しくなかったんです。そもそも上達するまでがんばったのも、先輩風を吹かす上級生を実力で見返すためでした。それで競技会の選手に選ばれても、今度は見知らぬ卒業生が現れて『特訓』と称してスパルタ指導をする。ひたすら怒られ、プレッシャーをかけられ、部員同士もいつもギスギスしていました」

3年生になるとキャプテンに抜擢されたが、プレッシャーはさらに増大。競技会の全国大会で前年並みの成績を残せなかったことから、卒業までは針のむしろの上にいたような気持ちだったそうだ。

「だから部を後輩に引き継ぎ、高校を卒業するときには、〝もう、そろばんとは関わらなくていいんだ〟ということに、とても解放感を感じていたんです」

実際、高校卒業後、会社に就職した石戸先生は、そろばんとは無縁の生活を送っていた。しかし、今度は、学歴を前提にした職場での人や仕事への評価や対応に納得のいかない日々が続く。モヤモヤがつのり、次の道へ抜けるために〝何とかしないと〟と悩む中、ふとひさびさにそろばんを手にしてはじくと、〝お！　おれもまだ結構できるな〟と気持ちが落ち着いたという。ちょうど当時住んでいた埼玉県の県大会があり、出場しないかと声をかけられた。かつての珠算部仲間もいるかもしれない千葉県ではないから、という気安さもあり、出場すると上位の成績を収めることができたのだった。

「自分でも驚きました。3年は、まったくそろばんに触れていませんでしたから。一度身に付いたものは消えないものだと自分で感心していました」

そして、翌年の大会も出場するとやはり上位の結果に。そこで石戸先生は、〝おや？〟と考えた。〝これは、四六時中歯を食いしばって特訓していた高校時代よりいい。なぜだろう？〟と。

「高校生のときは〝やらされていた〟のだ。そこに気付きました。楽しくない中、やらされるプレッシャーを感じながらいくらがんばっても実力は伸びずに頭打ちになってしまう。でも、こうして人目も気にせず、何のプレッシャーも感じずにそろばんを楽しめば、こんなに伸びる、こんなに結果が出せる、そう気付いたんです。

私は、そのときに初めてそろばんをやる楽しさ、やる意味がわかりました。これこそがそろばんをやる目的と目標なんだと」

自ら選んだそろばんをやることの楽しみを知った石戸先生は、直後に会社を退社。同時期に受験勉強を始め、翌春、大学に入学した。自ら選ぶことで道が開く。そろばんでそれに気付いた石戸先生の人生のリスタートがそこから始まった。

他人の過去に答えはない。未来に向かって自分で作る

そろばん教室経営の第二の壁にぶつかった石戸先生は、生徒の実力を伸ばすためにかつての珠算部同様の特訓主義を導入したこともあった。しかし結果はまったく出なかった。そこで思い出したのが、社会人時代の経験だった。

そこに至る経緯を、石戸先生は今でも反省するという。

「経験や体験というものは恐いものです。自分があれだけ嫌だと感じ、過ごしていたことなのに、他人のため、良かれと思い同じことをしてしまう。苦労は誰もがするものだ、と。

自分が、今、こうしてそろばん教室を生業にし、そろばんの先生として向かい合う生徒に伝えるべきことはそれじゃない。プレッシャーから解き放たれたときのそろばんの楽しさのはずだ。目からウロコが落ちるとは、あの瞬間だと思います」

そこからの石戸先生の動きは速かった。「そろばんとはこういうものだ」という自分の経験に基づいた教え方を改善するために、これまでと違う「すごい教え方」はないかと探し始めた。「すごいそろばんの先生がいる」と聞けば、京都や大阪であってもすぐにアポを取って訪ねた。遠方からの熱心な教育者にどの先生も親切に応じてくれたという。

「日本中の現場で生み出された、一流の指導方法のすべてを勉強しました。当時は28歳ぐらい。どれも刺激的で魅力的で、新しいそろばんの指導を極めたいと渇望していた私の中にスーッと入っていきました。しかし、違ったんです。どれも私の探し求めていたものではなかった」

石戸先生が経験したようなスパルタ式とは違っても、どの指導方法もくり返し長時間練習する特訓方式の範疇《はんちゅう》を出ることはなかったのだ。

その頃（70年代後半）、習い事としてのそろばんは全盛期の終わりを目前にしていた。全盛期、そろばん教室は全国に約3万を数え、小学生の約3割が通っていた。経理事務の現場でもまだまだ必須の技術であり、高校生や社会人になっても続ける人も多くいた。そうした中、週に4日も5日もそろばん教室に通い、結果が出れば親も子も納得するのであれば、地道に根《こん》を詰めて取り組める我慢強さを求めることも「良い指導」だった。

しかし、子どもの習い事が多様化し、1人の子が複数の習い事をかけ持ちする時代になっていた。加えて、石戸先生自身も教室を複数運営して全体の生徒数を確保している実情では、1人の生徒が教室に週2日程度通うことを前提に「上達」という結果を出せる指導方法が必要だった。そして石戸先生は決断した。既存のそろばん教室から学ぶことをやめたのだ。

「当時、多くのそろばん教室の先生にお世話になり、学ばせていただき、本当に感謝しています。私自身、ワラにもすがる思いで全国を飛び回った。そこでわかったこと、学べたことは、私の求めるそろばんの指導方法、そろばん教室の経営ノウハウはまだ存在しないということでした。

しかし、それは徒労ではなかったと思います。ないなら、自分で作る。その決意につながったのですから」

3 〝できる子〟を育てる「いしど式」の誕生

スポーツの科学的トレーニング法に着目

自分のそろばん教室の指導法・経営方法を、既存のそろばん教室や先生から学ばない。そう決めた石戸先生が足を運んだのが、当時、盛んになり始めていた「異業種交流会」だった。新しい経営、会社運営の成功事例、異なる業界の課題解決……。業界を問わず、ありとあらゆるセミナーに貪欲《どんよく》に出向いていった。

セミナーの内容と同じくらいに、石戸先生に刺激を与えたのは、多彩なセミナー受講者たちだった。工場の近代化を模索する経営者、家業の農業に消費者ニーズを取り入れたい農家、大規模スーパーが地元地域に出店してきたので経営改革を実現したい酒販店……。自分とはまったく異なる業種の人びとが、自分と同じように既存の〝当たり前〟では解決できない課題を抱え、熱心に話を聞き、質問をしている。

「そうした人びとといろいろなセミナーを聞いていると、どれも自分とは無関係なことではないと感じることができました。なるほどなあ、その考え、その取り組みは、自分の知っているそろばんの世界にはなかったなあ、と。

すべてが発見の連続なのですが、どれを取り入れたら上手《うま》くいくのか……。そろばんの世界では、誰もやっていないのですから、考えてもわからないのは当然なのですが、大いに悩みました」

ある日、石戸先生は、セミナーの講演名に見慣れない言葉を見付ける。「イメージコントロール法」だ。そのセミナーは、体操選手の練習に取り入れられたメンタルトレーニング、中でもイメージコントロールを紹介するものだった。

メンタルトレーニングとは、現在は、日本でもスポーツ全般に取り入れられている。日本代表選手たちの国際競技力向上の支援と研究を行っている国立スポーツ科学センターにも、専門スタッフが常駐するなど、現代のスポーツでは身体的トレーニングと同様に重要な意味を持っている。

昔から「スポ根」という言葉があるように、スポーツと根性はワンセットで価値を持ってきた。根性とは、過酷な特訓に耐え、苦しい状況でもあきらめず、勝利をつかむ姿勢。その点は、まさに、石戸先生が抜け出そうとしていたそろばん教室にも当てはまる。

しかし、スポーツの世界では、どんなに毎日厳しい練習を重ねても、それだけでは、身に付けた体力や技術を試合本番で十分に発揮できないことがわかり、その対策が研究されてきた。「心技体」という言葉に表されるように、「心」つまり脳の働きも合わせて練習の中で訓練することで高い能力が発揮できるのだ。

逆にそのバランスを崩した練習や試合を重ねると、実力を身に付けたり発揮したりできないばかりか、思わぬケガをしてしまい、その結果、長期の治療や体力の低下などマイナス面で計り知れない損失を被《こうむ》ることもある。試合で良い結果を出し、それが続けられてこそ実力といえる。実力を身に付ける上で、メンタルトレーニングは欠かせないものなのだ。

イメージトレーニング法をそろばん学習に応用する

スポーツのメンタルトレーニングでは、心理的スキルの向上が図られる。そのために大切なのが「目標設定」だ。スポーツにおける目標といえば、「試合に勝つ」「優勝する」ことを思い浮かべるかもしれない。しかしそれはあまりに漠然としている。石戸先生が、高校時代に感じたプレッシャーはまさにこの「漠然とした目標」が原因だった。プレッシャーは時に「やる気」

さえ蝕《むしば》んでしまう。

そこでメンタルトレーニングでは、現状の実力を正しく把握し、それをまずどの程度伸ばすかを考え、必要な課題解決とトレーニング量を目標とする。さらに、そうした積み重ねの先にある到達点としての目標を明確に自覚する。目先の目標は、達成することで自信が持て、取り組みが楽しくなる。その結果、遠い目標に向けた取り組みもまた楽しくなる。

もう1つ重要なのが「イメージトレーニング」だ。身体能力を高めるには、反復練習も大切だが、体を使わないイメージだけの予行演習も同じくらい大切だといわれている。練習の前に落ち着いた空間で気持ちをリラックスさせ、実際の試合を想定した自分の体の動きをイメージする。

すると、普段本能的に動かしている自分の体を客観的にも検証でき、より効率的、効果的な動きをイメージできるようになり、その後の練習効果が飛躍的に高まるそうだ。そのため、同じ練習時間でも実力の向上が期待できるのだ。

新しいそろばん学習の方法は、反復練習に耐え、それを長時間くり返し、プレッシャーを抱えながら競技で結果を出すものとは違ったものにしたい。石戸先生が、思い悩んだ課題の解決方法が、まったく異分野のスポーツの世界にあったのだ。

「いしど式」そろばん学習方法の誕生

石戸珠算学園が、全国で展開するそろばん教室では、石戸先生が40年以上の実績を持つそろばん教育の中で紡ぎ出したノウハウや考えを「いしど式」と呼ぶ共通メソッドとして確立している。それは次の6つだ。

個別対応教育
スモールステップ方式
イメージコントロール法
しつけ・教育
競技・検定
珠算教師資格・研修制度

6つの内、〝こぢんまり〟した開塾だから実践できたマンツーマン指導は「個別対応教育」

に、スポーツのメンタルコントロールを参考にした「目標設定」が「スモールステップ方式」に、そしてイメージトレーニングが「イメージコントロール法」として、早くから確立していたのだ。

新しいそろばん教育の指導方法に展望が開けた石戸先生は、それをどう具体化するのかを考えた。自分のそろばん人生も振り返り、「そろばんが楽しいものでなければならない」ことを大原則とした。

「子どもを楽しませるにはどうすればいいのか？　大人がまず考えるのは、怒らない、厳しくしない、ということではないでしょうか。しかし、なぜ怒るのか、厳しくするのか、その理由を検証すると、子どもに過大な目標を設定し、そこに到達する努力や集中力が足りないと苛立っていることが大半なんです。

そう、そもそも大人が勝手に苛立っているだけで、その状況は、子どもからすれば〝楽しくない〟のは当然のことなのです」

そこで、石戸先生は、もともと実践していた個別対応の中で、さらに子どもたち一人ひとりとの向き合い方をきめ細かくし、観察することを心がけた。石戸珠算学園では、わからないことがある生徒は、黙って席に座ったまま手を挙げる。先生は、1人の対応が終わったら、教室を見回し、手を挙げている生徒のもとに行き、何がわからないかを聞き、必要なアドバイスをする。「子どもたちは胸を張って手を挙げていますよ」と石戸先生は言う。

「全員に同じ問題を一斉にやらせれば、結果は〝できる子〟と〝できない子〟を生むだけです。しかし、一人ひとりが今の実力に合った問題に取り組み、わからなかったことにぶつかった瞬間、その子は〝できない子〟ではなく、学びのチャンスに出会った子になるんです。早くこの問題ができるようになりたい。そんなワクワクした気持ちで手を挙げている子の所に向かうのは、先生にとってもワクワクする瞬間ですよ」

石戸珠算学園の先生は、一人ひとりの子どもの学びとの出会いの瞬間に日々立ち会い、その手助けをする中で、その子がどれだけの実力を付けたかを把握することで、次の段階の的確な目標設定の見極めが可能になる。これが「いしど式」の「スモールステップ方式」を可能にしているのだ。その見極めには、プレッシャーとならない「やれば、できる」の程よいハードル設定が重要だという。

「大人は子どもに気軽に『やればできるよ』と言い、『がんばれ』と励まします。でもそれは、未経験の努力が必要な目標であれば、子どもからすれば不安の種であり、プレッシャーになりかねません。

目標が遠ければ遠いほど、『やれば、できる』は『やったことがないからできない』と同義語になってしまいます。結果、『やってもできなかった』ことにとても臆病になってしまう子もいます。ですから、『やれば、できる』は確実に『できる』ことでないといけないのです」

そろばん学習の初期に、個別対応で学び「わかった！」を重ね、的確なハードルを自ら飛び越えて「できた！」をひとつずつ経験した子どもは、間違えることにも臆病ではなくなるという。「わかった！」「できた！」の小さな成功体験が積み重なり、経験としての「やれば、できる」を自信とするため、間違えても間違えても、そのくり返しの先に「わかった！」「できた！」が必ずやってくるという確信が持てるのだそうだ。

「その自信と確信が養われた土壌に、『イメージコントロール法』が肥料となって浸透するんです。『いしど式』では、授業の始まる前と終わった後に行う『イメージトーク』を大切にしています」と説明する石戸先生が例として挙げた「トーク」には次のようなものがある。

「今日は良い点をとるぞ！」
「今日も一緒にがんばろうね！」
「次は全部正解できるようにがんばろう！」

「今日は、よくがんばりました。次もがんばりましょう！」

ただ一律に励まし、ほめているのではなく、一人ひとりの目標とそれに向けた到達や達成、さらなる目標が、先生と子どもとの間に共有されているからこそ意味を持つのだという。

「40年以上、そろばんの先生をやっていて一番のやりがい、うれしい点は、子どもたちが大きくなってから言ってくれる言葉です。

感謝の言葉はもちろんですが、『先生も一緒にがんばってくれましたよね』と言ってくれることが多い。まだ、珠のはじき方もわからない時からスタートし、一歩ずつ『スモールステップ』を昇ってきたことは、当然、私たち『そろばんの先生』も覚えていますから、子どもと喜びも感謝も共有できたときの感激もひとしおです」

石戸先生は、元教え子の結婚式に招待されることも多いそうだ。新郎新婦の参列者を代表してスピーチをするときは、決まって「恩師」と紹介されるという。

先生がずっと近くで見守ってくれている中でチャレンジし、達成し、自信を持つことができた経験。その中で育まれたものを総合して、石戸先生は「自己肯定の心」だと明言する。

「スポーツのイメージトレーニングが、自分の身体能力を内と外から総合的に把握するように、

『いしど式』で学び、『イメージコントロール』で『自己肯定の心』を育んだ子どもは、根拠のある自信を持ち、必要な努力を知り、がんばり達成する喜びの実感を確信しています。それは、未来を展望し、獲得する自己をしっかりと持った人間だともいえるのです」

後に「いしど式」としてそろばん教育に革新をもたらすこの教育方法は、またたく間に大きな効果をもたらした。それに一番驚いたのは、石戸先生自身だった。

子どもの成長の〝物語〟を親・子・先生の3者で共有する

「1年も経たないうちに、みとり算（そろばんをはじきながらの足し算・引き算の計算）でも暗算でもどんどん正解が出せる桁数が増えていったんです。上達が実感できれば続ける生徒も増え、さらに上達する。その結果、数年でそれまで限界だった県レベルを超えて、関東大会に出場し、優勝する生徒まで現れたんです。〝なんだ、これは!?〟と私自身がびっくりしました」

まずやったのは、独自のテキストの作成だった。既存の教室とは違う教え方、つまり、小さな子にマンツーマンでそろばんの初歩の初歩から教えるために、テキストからできるだけ文字をなくしたのだ。それまでのテキストは、そろばんの説明や使い方から始まり、すべてが図と文字で説明されていた。

「小さな子がそれを読んで覚えることは不可能。だから説明の文字をなくしました。そうすれば必然的に先生が手を添えて、こうやるんだよと教える授業が当たり前になるんです」

そして、教室に級ごとの名札を貼るだけでなく、一人ひとりの「進度表」と「記録簿」を作り、それを親に説明しながら手渡した。これにより、子どもはもちろん、親たちも、他の子どもと比べてまだ何級にいると現状を理解するのではなく、その子が1級上がるたびに「今回はこんながんばりがあった」「ここは何度も苦労したけど乗り越えた」という、〝物語の共有〟が親と子、先生の3者で可能になった。

そろばん教室が作ってしまった〝できる子〟と〝できない子〟

実は、これこそが従来のそろばん教室とは異なる画期的な教育方法となったのだと石戸先生は言う。石戸珠算学園が、着実に教育成果をアップし始めたこの時期は、習い事としてのそろばん教室の衰退期の始まりでもあった。かつて大きな壁だった既存のそろばん塾が、他の習い事にシェアを奪われ生徒数を激減させ、次々と老舗の教室が閉鎖されていった。

「子どもの習い事が多様化する中で、なぜそろばん教室は衰退していったのか？　それは、そろばんが社会人になっても必要な生活能力ではなくなってしまい、習っている期間の進級や競技会での成績結果のみが結果になってしまったからです。

そろばんの〝できる子〟と〝できない子〟の差がはっきりと認識されるようになった。子どものときのそろばん教室で結果を残せた人だけが、〝そろばんをやっていて良かった〟と思い、その子ども、周辺の人が新たにそろばん教室へ通うようになる。

この層は、とても熱意があり、そろばんの『ファン』でもある。教室を支えるコアといってもいいでしょう。すべてのそろばん教室は、市場が縮小する中で、このコアのファン層を育てることに集中し、その結果、その他の層を軽視してしまったのです」

上位の成績が残せるのは教室の2割程度だったそうだ。つまり、旧来型の教育方法にこだわればこだわるほど、残り8割の生徒と親を遠ざけていったことになる。衰退は、必然だったともいえる。競争相手が減れば、勢いのある石戸珠算学園が成長する――という単純な話ではなかった。ブランドとしての「そろばん」は過去のものとなろうとしていた。そこで石戸先生が考えたのは、競技会と検定方法の新しい仕組みを作ることだった。

自分の可能性と出会える珠算連盟、検定制度を確立

1983年、石戸先生は、自ら財団法人全国珠算連盟を設立。新たな検定制度の確立と、教室で実践している「楽しいそろばん学習」に適合した競技会を運営するようになった。

当時、そろばん教室の市場縮小に伴い、各地でそろばん競技大会の参加者が激減し、開催そのものが難しい状況だった。競技大会においても「コアなファン」に特化した点がマイナスに働いていると石戸先生は考えたのだ。

「参加している子どもたちが、はたして楽しいのだろうかと考えました。従来型の大会は、教室での特訓の延長線上で、ただ計算の答えを求めるのみの場になっていないか。その1つの価値観だけで判断されて1日が終わる。それでは楽しいわけがありませんよね」

大会は、小学生であれば、高学年と低学年で分ける。もしくは学年ごとに分けて競わせるのが普通だった。そのため、成績が良く、優勝した子は、学年が上がってもくり返し優勝する。一方で、がんばっても優勝に一歩及ばなかった子が何度も次点に終わる。それ以外の子も同様に「勝てないまま」が続く。

そこで石戸先生は、少しでも多くの子どもたちが楽しめるように大会運営の試行錯誤をくり返した。現在では、スタート時のランクの中で優勝したら、次回は3ランク上のグループに入って競い合う。2位なら2ランク上、3位なら1ランク上。こうすることで、各ランクごとに毎回競技相手が代わり、競技に強い子はさらにレベルの高いチャレンジができ、3位までに入らなかった子にも次回は優勝のチャンスが得られるようになった。

「年上の子と闘って負けても、そこまでやったという充実感、地道にがんばれば優勝できるかもしれない挑戦心が、競技大会に参加するどの子にも芽生えます。するとその子たちの日頃のモチベーションがとても高まる。もちろん競技大会に出る子は、教室の一部ですが、その熱意の継続が周囲の子に伝播《でんぱ》していきます。よし、自分もまず次の級を目指そう。あの子みたいに競技大会を目指そうという子も現れる。

〝自分にも可能性があるかもしれない〟と思えてこそがんばれる。一般論で『やればできるよ』と応援するのではなく、その子、その子の環境の中で見えてきた目標に向かって喜びが感じられるようにしてあげる。そろばんをやるのが楽しいと感じられる。そのためのそろばん教室であり、そうした指導や環境作りができる『そろばん先生』が、新しいそろばんのファンを作っていくのだと私は考えています」

石戸珠算学園も、そろばん市場全体の縮小の中、80年代後半に向けて厳しい状況が続いたという。しかし、石戸先生は、ゼロから積み上げた新しいそろばんの教育方法とその手応えを確信し、「楽しい教室作り」をさらに試行錯誤し、その効果的な実践方法をマニュアル化、児童教育としてのそろばんの指導方法を現在の「いしど式」として磨きあげてきた。次に、現在の「いしど式」の指導内容を見てみよう。

スモールステップ方式で成功体験を重ねる

石戸珠算学園の教室に入ると、まず「入門教材」に取り組むことになる。これは「ホップ」「ステップ」「ジャンプ」の3段階のテキストで、そろばんの珠のはじき方を指で覚えることから始まり、基本的な計算方法までを段階的に学べる内容になっている。

「90年代までは、親の世代にそろばん学習の経験者がまだいました。先にお話しした旧来型のファン層ですね。しかし、今は、子どもたちの親の世代もまたそろばん教室は未経験という人が多い。

石戸珠算学園では、3歳から学ぶことができますが、小学生未満の児童の場合、親御さんに隣に座って一緒に学んでいただくことを推奨しています。最初の緊張を取り除く、自宅学習のサポートの仕方を身に付けていただくなどの理由もありますが、そろばん未経験の親御さんにもそろばんの〝基礎のき〟を知っていただくことが重要だからです」

入門教材を使った初歩指導では、間違えることは当たり前。何度でも間違えながら、テキストを見、指を使って珠をはじき、「そろばんを使った計算」が、目と指と脳の連動になるまでくり返す。そして最終的にテキストの問題すべてに丸が付くまで、「そろばん先生」が寄り添って指導する。このときに自覚する初めての「やればできる」には、自信と楽しさが一体となっているので、その後の熱意と上達が違ってくるのだという。近年は、社会人の学習希望者も増えているそうだが、大人も最初は幼稚園児同様に「ホップ」から始める。そのためまったくの知識ゼロ、経験ゼロでもそろばんを学び始めることができると好評だ。

〝無学年〟のフラットな学習環境が本当の実力を育む

石戸珠算学園のそろばん教室では、机が、「説明組」「時計計り組」「試験組」の3つのブロックに分けられている。

「説明組」は、教室で学び始めたばかりの生徒や、目標の検定に合格し、次のステップを学ぶために細かな指導を「そろばん先生」から受けるグループ。

「時計計り組」は、基礎が身に付いた生徒が練習問題に取り組み、間違ってもいいのでチャレンジを重ねて実力を付けていくグループ。

「試験組」は、教室で受けられる検定試験に挑戦するグループ。より早く、より正確に、などを意識して実力をのばし、競技大会を目指す生徒もここで練習する。

このように一人ひとりの実力に応じたスモールステップ（小さな目標）に取り組み、わからないことやつまずきをその都度「そろばん先生」に質問して解決していく。つまり各「組」の中は、年齢も級も異なる子どもたちが混在している。これが「いしど式」ならではのもう1つの効果を生み出す。それを石戸先生は、「フラットな関係の学習環境」と呼んでいる。

「学習環境に〝学年〟がない。40年間、そろばんを教え続けてきて、この〝無学年〟という点がとても面白いと思っています。

小中学校という学問の基礎を築く学習環境は、〝学年〟でくくられています。一見、合理的に思えますが、この時期は、心身の成長速度も人それぞれで、4月生まれと3月生まれでも違いが出ることもあります。さらに私の高校時代の部活動のように、1年、先輩後輩というだけでプレッシャーや反発が生じたりもする。〝学年〟は、一人ひとりの学習を考えた場合、あまり適切なくくりではないのです」

しかし、石戸珠算学園のそろばん教室では、年齢の異なる子どもたちがそれぞれの課題に取り組む。もちろん年上で実力も秀でた憧れや目標となる生徒もいれば、年下だけど自分と同じ、もしくは上の実力を持つライバルとなる生徒もいる。実力の差というものが、何歳、何年生だからではなく、自分と他人との間にあることを自然と理解するのだ。

しかもその実力差は、検定試験という極めて客観的な基準で判断される。

「最初の入門時に、失敗は何度くり返してもいいという、チャンレンジする自信が付いています。ですから検定試験は受けても落ちるし、何度受けても落ちることもある。でも『だから君はダメなんだ』と言われることはない。『今回で3回連続落ちたのか。残念だなあ。じゃあ4回目に向けてがんばろう』が当たり前。そういう周りの子を見ているから、素直に4回目に向けて練習できる。失敗にも実力差にも怯えなくていい学習環境がこのそろばん教室なんです。

学校の宿題や勉強もある。塾もある。他の習い事もある。そんな忙しい子どもたちが、〝今の自分〟を再確認し、自分のペースを失わずに努力できる場所。自分と他人とが実力や年齢とは無縁なフラットな関係を持つことができる。いってみれば、一般社会の予行演習、ミニ訓練の場でもあるのです」

自分を大切にする＝他人を大切にする気質を育てる「しつけ効果」

他人との比較ではない、今の自分と向き合う。小さな頃からそうした学習環境で過ごすことで、もう1つの学習効果もあるそうだ。

「それは〝しつけ〟です。石戸珠算学園のそろばん教室では、あいさつや言葉遣いの大切さも指導しています。しかし、それは先生がガミガミ言うのではなく、他人の勉強を邪魔しない、わからないことはハッキリ自分で説明する、何がしたいのか何が目標なのかを自分で表現できるようになる、といったことを、日々そろばんに取り組む中で自覚させていきます。

それが自律、さらには自立を育み、さらにフラットな子ども同士の関係の中では、互いを思いやり尊重し合う気質を育てていきます」

学校教育では実現不可能な無学年でフラットな学習環境。さらに少子化で貴重になった他者との関係性、コミュニケーション能力を育む訓練環境。それを「楽しく」そろばんを学びながら体得できるのが「いしど式」だということがわかった。

しかし、ここまでを振り返ると、「いしど式」の独自性は、石戸先生が壁としてぶつかった逆境の中から生まれたものだともいえる。

「この白井という土地でスタートしたからこそ、この『いしど式』は誕生したのだと思っています。大都市でがむしゃらにやっていたら早々に潰れていたでしょう。地域の中でゼロスタートから始め、何度も何度も私自身が方法を模索し、手探りで子どもたちが楽しめるそろばん学習方法を試してきました。その結果や評価を口コミで広げ、決して近くない場所からも通い続けてくれた地域の人びとに支えられて苦しい時代も乗り越えてきました。

『いしど式』そろばんが生まれた場所だからこそ、ここに博物館を建て、未来に、世界に向けたそろばんの情報発信基地にしたいと思ったのです」

最初に感じた石戸先生の白井への「郷土愛」は、「いしど式」そろばんのふる里としてのものでもあったようだ。ここでは、月に1回、各地で「いしど式」のそろばん教室を運営する「そろばん先生」が集まり、石戸先生からレクチャーを受けているそうだ。そのそろばん教室は、石戸珠算学園の直営店ではなく、既存のそろばん教室とも異なる。また、40年かけて「いしど式」のそろばん教育方法を確立した石戸先生の現在の思いは、「そろばん先生」を日本の国内外に1人でも多く増やすことだという。それはどういうことなのだろうか？

4 「いしど式」は「そろばん先生」も育てる

「そろばん先生」は誰でもなれる

先に「いしど式」の6つのメソッドを紹介した。

個別対応教育
スモールステップ方式
イメージコントロール法
しつけ・教育
競技・検定
珠算教師資格・研修制度

この6つ目の「珠算教師資格・研修制度」こそが、今、石戸先生が力を入れている「そろばん先生」を1人でも多く生み出すための取り組みだ。もともとは石戸珠算学園の直営教室のスタッフとしての先生を養成するノウハウだが、それにとどまらず、全国に「いしど式」を普及させるため、グループ教室の開設にも力を入れている。石戸珠算学園の直営教室は、現在、千葉県を中心に28教室を展開。しかし、教室数を増やす上でもまた大きな壁があった。

そろばんを教える先生を募集してもなかなか集まらなかったのだ。そろばんの業界では、先生は、検定1級以上、もしくは2級以上の資格を持っているのが条件とされていた。しかし、それはそろばん学習人口最盛期でも全体の2割弱。石戸珠算学園が成長期に転じた1990年代は、業界自体は縮小傾向にあり上級者自体がとても少なく、新規の教室でそうした人材を確保することは不可能に近かった。

「私は異業種交流などを通じて、他の業態・業界のこともよく見てきました。一言で言って、若い人が育たない業界は良くならないし、先もないと断言できます。

人手不足は、今や日本中どの業界でも課題になっていますが、そろばんの業界ではずっと以前からの問題でした。理由は簡単で、そろばん教室は、人生の通過点であってもゴールにはなり得なかった。実際、40年間、そろばんを教え続けてきて、この子はすごいな、と思うような人は、大学生、社会人になると、さまざまな分野で活躍するようになる。そろばんの先生にはならないんですね」

すぐれた人材育成の場だからこそ、そろばんを学び実力を付けた人ほど「そろばん先生」にならないといういうジレンマ。この課題に石戸先生は、発想を転換する。

「改めて自分自身の人生を振り返ってみました。なんとなく部活に入るために始めたそろばんでした。社会人になるときに、この道で食べていこうと考えていたわけでもない。教室を始めたときでも、学費と生活費を得るのが動機でした。

でも、楽しいそろばんを追求していく中で、子どもたちのがんばりを助け、成長を見守る充実した人生が得られた。私自身が、そろばんと関わる楽しさを満喫している。この『そろばん先生』としての充実感を、もっと多くの人に知ってもらいたい。そろばんは〝できる子〟を育てますが、〝できる子〟が『そろばん先生』にならなくてもいい。私にもできた、『そろばん先生』になる方法をマニュアル化すれば、誰でも『そろばん先生』になれるはずだと思い至ったのです」

「いしど式」なら半年で「そろばん先生」になれる

石戸先生によれば、「そろばん先生」は、学校の教師のように何もかも準備万端にしてからスタートする必要はないという。

教室に通う子は、そろばんは未体験。その子たちより「ちょっとだけ前」までそろばん技術が進んでいれば、後は一緒に学んで技術を身に付けていけばいいからだ。「そろばん先生」になるためには、技術よりも「情熱」が必要だと石戸先生は力を込めて言う。

「『情熱』こそが、一人ひとりの子どもたちと向き合う姿勢を生み出します。その源泉は、子どもが好き、教育に携わりたい、というのはもちろん、生活の糧を得たい、老後の暮らしを充実させたい、地域貢献に取り組みたい……。何でもかまいません。

人それぞれの『情熱』というエンジンさえあれば確実に前に進み、目標にたどり着ける、いわばカーナビのような『そろばん先生』育成のシステムを作り上げました」

「いしど式」の6つ目のメソッドである「珠算教師資格・研修制度」がそれだ。子どもの頃に珠算教室に通った経験がなくても、まったくの未経験からでも資格取得が目指せる。

「いしど式」の「そろばん先生」を目指す人は、まず全国珠算連盟認定の珠算教師資格制度に合格する必要がある。これはインターネット上での登録と受講が可能で、自分の都合に合わせて学習を進めることができる。約半年から1年間で「珠算教師資格」の取得を目指す。

学習内容は、そろばん技術のほかに指導に必要な読上技術、検算法、誤算発見法などを学ぶ「技術指導編」、珠算教室の現状と将来や、珠算による学習効果などさまざまな知識、イメージコントロール法について学ぶ「知識編」、競技企画や検定規則を学ぶ「実践編」で構成されている。それぞれに課題やレポートの提出、確認テストなどがあり、すべてが修了すると、石戸珠算学園直営教室でスクーリングが2日間行われる。

スクーリングでは座学のほかに、実際のそろばん教室での指導の様子を見学・体験する。そして全国珠算連盟の段位検定試験を受け、晴れて珠算教師資格が取得できる。

しかし、これは単なるスタートなのだそうだ。

百聞より一見、一見より実践

珠算教師資格を得てからが、本格的な「いしど式」による「そろばん先生」になるための研修のスタートだ。何が違うのかを石戸先生にたずねた。

「資格取得の課程で学ぶ事柄は、学習方法の理論から教室運営のノウハウまで多岐に渡りますが、それは『いしど式』そろばん学習のノウハウを学ぶ入り口です。スクーリングで見学・体

珠算教師資格取得までの流れ（一般財団法人全国珠算連盟による資格認定）

受講手続き

インターネットで「珠算教師資格取得通信コース」の受講手続きを行う。

学習期間

技術指導編（受講期限：開始から1年）

科目	課題の認定
インターネットそろばん教室	学習進歩率90%以上珠算3級 暗算2級合格
指導の実際	WEB確認テスト（満点）
読上技術	スクーリング時に確認テストを実施
検算	WEB確認テスト
誤算発見法	WEB確認テスト

知　識　編（受講期限：開始2か月後から4か月後）

科目	形式	課題の認定
珠算教室の現状と将来	WEBテキスト	レポート提出
珠算による学習効果と様々な知識	WEBテキスト 別途、指定書籍の購入が必要	レポート提出
イメージコントロール法	WEBテキスト	確認テスト
開平法	映像	確認テスト

実　践　編（受講期限：開始4か月後から6か月後）

科目	形式	課題の認定
記憶力・集中力	WEBテキスト	確認テスト
競技企画	WEBテキスト	確認テスト
検定規則	WEBテキスト （プリントアウト可）	確認テスト 検定規則確認テスト 審査規則確認テスト 検定規則確認テスト 審査規則確認テスト

資格取得

【スクーリング】（2日間）

インターネット学習および課題提出修了後、石戸珠算学園直営教室（本部：千葉県）にてスクーリングを実施。受講内容の総まとめを行う座学講座と直営教室を見学し実際の指導を学ぶ。

【認定試験】

スクーリングの中で、一般財団法人全国珠算連盟　段位検定試験を受験する。珠算科目（乗算・除算・見取算・伝票算）、暗算科目（乗暗算・除暗算・見取暗算）の点数により段位認定となる。

珠算教師資格取得

験する現場も、教室の一事例でしかありません。

もちろん、百聞は一見にしかずという言葉の通り、教室の子どもたちの姿を目の当たりにすることで、『そろばん先生』の〝情熱〟はより確かなものになります。しかし、百戦錬磨の経験を持つ現場の先生の教え方を見ても、なるほどなあ、学んだ通りだと思うかもしれませんが、それをそのまま真似してもあまり意味はないのです。

なぜなら、『いしど式』による『そろばん先生』の指導は、一人ひとりの子どもたちに個別化されて初めて意味を持つからです」

「いしど式」の要である、小さな目標設定をクリアして成功体験を重ねていく「スモールステップ」も、ほめながら自己肯定感を育む「イメージコントロール」にも、具体的かつ実践的なマニュアルが用意されている。しかし、それをどの子にどう提供していくかは、千差万別な判断が必要になる。その判断は、「そろばん先生」自身が行わなければならないからだ。

だが、それも決して難しいことではないと石戸先生は言う。

「1人の子どもをしっかりと見るだけでいいのです。そろばんに関しては、最初はどの子もゼロスタートです。しかし、理解や習得、得意や不得意は個々にあります。『いしど式』は、比較ではなく個別評価ですから、1人の子の前回と今回だけを見極めればいい。今の状態を見て、少し先の未来を考えながら言葉をかけ、目標を設定する。その復習と予習を重ねるのが、『そろばん先生』の主な役割、仕事だといえるでしょう。

もちろん困ったこと、上手くいかないことも出てきます。そのときは、石戸珠算学園のベテランたちが、いつでも相談に応じフォローします。『いしど式』は、〝できる子〟も育てますが、〝できる『そろばん先生』〟も育てます」

先に、毎月、白井そろばん博物館に各地の教室の「そろばん先生」が集まり、石戸先生のレクチャーを受けていると紹介したが、それもこの「いしど式」のフォローの1つなのだそうだ。

では、現在、「いしど式」のそろばん教室を自ら始めている「そろばん先生」とはどのような人たちなのだろうか？

続々と増え続ける「いしど式」そろばん教室と「そろばん先生」たち

現在、石戸珠算学園の直営教室ではなく、「いしど式」の珠算研修資格を得て、「いしど式」によるそろばん学習を提供している「グループ教室」は、千葉県を含む1都2府24県に150教室がある（2016年6月現在）。「グループ教室」としてそろばん教室を開きたいという問い合わせは年々増えていて、2017年には直営教室と合わせて200教室を超える予定だという。

石戸珠算学園は、90年代に入り教室数が増加に転じ、現在もなお「そろばん先生」の確保に頭を悩ますほどの成長を続けている。本章冒頭でも紹介したように、学習塾も改めてそろばん学習に注目し、経営戦略的に取り入れを図ろうとしている。しかし、そろばん教室自体は、習い事の多様化や少子化の影響で全体の数を減らしている傾向に変わりはない。「斜陽」という言葉をあてはめてもおかしくない状況だ。なぜ、その業界に新たに飛び込んでくる人がいるのだろうか？ 率直な疑問を石戸先生に投げかけると「実際に『そろばん先生』たちに会ってみる方がいいでしょう」と、いくつかの教室を紹介していただいた。

次章では、日本各地で新たに「いしど式」を導入し、そろばん教室を開いた「そろばん先生」たちを紹介する。そこで見えてくるのは、そろばん教室に子どもを通わせたいと考える親たちの期待も多様だが、続々と誕生している「そろばん先生」たちがそろばん教室でなし得たこともまた多様だということだった。

1997年の石戸珠算学園の学園祭で挨拶する石戸先生。80年代後半、そろばん市場の縮小で生徒数が減少していくが、指導マニュアルが整備し始めた90年代になると生徒数が増加。90年代中頃の「脳トレ」ブームでそろばんの再評価も始まる

珠算教師研修会で講演する石戸先生(2015年)。
「そろばん先生」の育成と能力アップが、今現在の課題だという

お子さんが そろばん教室に通って 良かったことは 何ですか?

自らがんばる意欲が 身に付きました。

小学校入学前に、計算能力を向上させたいのと、努力を続けることで自信を付けさせたいと思い、通わせました。小学１年生で、学校で習う前に掛け算と割り算を覚えたことで自信が付き、算数が得意科目になったようです。

また、暗算力や計算力が日々発達し、小学３年生の時に出場した競技大会では、読上算で３位入賞。すごく喜んで、「次の大会も入賞したいからもっと頑張る！」と言っています。

実感があるから自らがんばる。その姿を見て、成長しているなと感じました。

ヨシカズくん（神奈川県「パチパチそろばん速算スクール」）

第2章

日本、そして世界で活躍する「そろばん先生」

1

激戦区の学習塾が選んだ「いしど式」
むぎ進学教室（静岡県）

学習に必要な「土台力」を育てる

「むぎ進学教室」は、「むぎ学習塾」として1977年に開校。小中高校生を対象にした学習支援を行い、浜松市を中心に8校を運営している。2013年から取り入れた「いしど式」のそろばん教室は、小学校1年から6年生を対象に全校で指導を行っている。塾長の櫻井勇也先生は、大学卒業後に講師として同塾に入社。2007年に経営を引き継ぎ、塾長となった。

「当塾の特徴は、個別面談に力を入れている点です。私たちは、子どもは〝誰もが必ず伸びる〟という信念を持っています。しかし、自ら学ぶ意識を持たないと、どんなに優秀な子でも〝伸び〟が期待できません。そこで、『自立を目指す教育』に力を入れており、その基礎となっているのが個別面談です。勉強は強制されてやるものではなく、自分の夢を実現させるためにやる。私たち講師は、子どもたちの夢を称《たた》え、励ますことで、勉強に取り組むモチベーションを

櫻井勇也先生

むぎ進学教室

静岡県浜松市西区伊左地町2203　☎053-485-3678

西山校、入野校、可美校、雄踏校、高丘校、湖西校、新都田校、きらり校で「いしど式」のそろばん教室を開校

http://www.mugishin.soaweb.mp

高めることからスタートさせます」

櫻井先生は、子どもたちとの面談を重ねる中である法則に気がついた。それは、自分の夢をしっかり伝える、そしてその夢の実現に向かって勉強を地道に積み重ねることができる子は、学習に必要な基本的な土台が備わっている傾向にある、ということだった。

「それを『土台力』と呼んでいます。土台力とは、論理的思考力、読解力、表現力、暗記力などです。個別面談で土台力の高い子の話を聞いていると、そろばん教室に通っていたという共通点がありました。とくに計算が速く、そして正確。このミスをしない速さは、他の学習にも良い影響を出していることがわかりました」

櫻井先生は、低年齢化が進む学習塾の指導の中にそろばん教育を取り入れ、幼児段階から「土台力」を育むことで、〝伸びる〟下地をより多くの生徒が持てるのではと考えた。さまざまなそろばん指導法を調べ、すでにそろばん教育を取り入れた同業の塾経営者にもヒアリングを重ねた。しかし、どれもピンとくるものがなかったそうだ。

「実は、私も小学生の頃はそろばんを習っていました。改めて調べたそろばん教育の実態は、どれもその当時とあまり代わり映えしなかったのです。技術の向上、進級だけが目的で、一部の子どもだけが結果を出せる。私が求めている、多くの生徒の『土台力』を育てるためのものとは違いました」

子どもの学習能力の本質は、人としての自立と考えていた櫻井先生は、インターネットでたどり着いた「いしど式」の説明に注目した。子どもたちの夢を育てるという、「いしど式」の目標に共感したからだ。

「まさに自分の目指す目的地にスポットライトが当てられているようでした。すぐに教室の見学をお願いすると快く対応してくださいました。実際に見た指導内容のレベルの高さ、それに取り組む子どもたちの真剣さ。何より教室から帰るときの笑顔が印象的でした。その表情には自分の夢や目標のために一生懸命に学ぶ充実感が表れているのだと思いました」

効果の実感が口コミで広まる

櫻井先生は、「いしど式」の導入を即決すると、塾のエース級の講師を担当者に抜擢。「そろばん先生」の資格取得に取り組ませつつ、そろばん教室開校の準備を進めた。「いしど式」の珠算教師資格・研修制度のムダのないカリキュラムとエース級講師の熱意により、最初のそろばん教室は、準備をスタートしてから半年の短期間で開校することができたそうだ。

「当塾には、地域に根ざした40年近い塾運営の実績がありますが、そろばんの指導は初めてのこと。最初は不安もありましたが、いざ教室を開いてみるとその効果に驚きました」

静岡県はもともと学習塾が多く、少子化の中、年々競争が激化していた。どの塾も幼児教育、早期教育を低学年児童の親にアピールしていたが、独自性や効果の差別化に苦労していた。

ところが「むぎ進学教室」でそろばんを習った子どもは、算数のテストで満点は当たり前、それに加え判断力がアップし、他の学習や日常生活でも良い変化が出ていると話題になった。

「親御さんからは、自分から後片付けをするようになった、いろいろなことに前向きに取り組むようになったとの感謝の言葉を寄せていただいております。もともと当塾が取り組んできた子どもたちをしっかり見て、声をかけるという指導方法と『いしど式』との親和性も高かったと思いますが、それが相乗効果となり、他の学習塾との違いを親御さんたちが感じ、地域での評判を高める結果となりました。そろばん教室を入り口とした低学年の入塾希望者が増え、経営面での効果も実感しています」

むぎ進学教室では、さらに「いしど式」のサポートも受けながら専任の「そろばん先生」を随時増やしている。2016年3月現在、そろばん教室に通う子どもたちは8教室200人。これを、2020年には500名の規模にするのが、櫻井先生の目標だ。

2

将来の伸びしろとなる生徒の基礎学力・能力を高める
きらめキッズ速学くらぶ（大分県）

“できる子”を育てるそろばんの謎を探る

大分県大分市で4校のそろばん教室を運営する「きらめキッズ速学くらぶ」は、3歳から通える能力開発の講座だ。計算の速さのアップと集中力を高める「速算そろばん」、ノートを写す速さの向上と理解力を高める「ノート速書き」、英語の書く・聞く・話すをバランス良く学習する「速習英語」の3つの講座がある。

代表の阿部賢悟さん（以下、阿部先生）の父親が、1985年に高校受験を対象にした進学塾を開業。阿部先生は、経営コンサルティングの老舗で知られる船井総合研究所に勤めていたが、2005年、33歳のときに父の経営する進学塾に入社。2015年から代表を務めている。

そろばんの学習効果に感心を持ったのは2010年の頃。最初は、マイナスイメージを持ったという。

「高校受験を目指す進学塾としてスタートしましたが、時代の要請で中学受験を目指す小学生にも指導の対象を広げていました。しかし、どうしても個々人の能力の差に幅がある。その解消方法を探るために一人ひとりと面談を重ねました。

そのとき、〝できる子〟の多くにそろばん教室経験者はいたのですが、一方で、そろばん教室経験者の子どもでも計算は速いが単純なミスが多い子もいたのです。速く計算する技術や暗算に頼り、問題を見るなり『あ、わかった！』と言うのですが、間違いが多い。そういう生徒ほど、変なクセがついていて修正が難しい。なぜ、同じそろばん学習でありながら、こうも違うのかと疑問に思ったのが、関心を持つきっかけでした」

そこで阿部先生は、そろばん教育の現状を細かく調べることにした。かつて鍛えたコンサルタントとしての調査能力を駆使してたどり着いたのが「いしど式」だった。先に石戸先生も述懐したように、旧来のそろばん教育は〝できる子〟と〝できない子〟を生んでしまう技術習得主義の弊害があった。それが、阿部先生の見た、生徒によって真逆の結果を生み出すそろばん教育の謎の原因だ。しかし、「いしど式」の評判は違っていた。そこで、石戸珠算学園の教室の見学を申し込み、自分の目で確かめることにした。

「まず驚いたのは学習中の子どもたちの集中力です。中学受験に力を入れてはいたものの、正

阿部賢悟先生

きらめキッズ速学くらぶ
大分県大分市明野北5-11-1　第2明友モール　☎0120-652-663
大分駅校、明野校、判田校、別府校で「いしど式」のそろばん教室を開校
http://www.sokugaku.jp

直、小学生の受験に対する意識やモチベーションアップは悩みの種でした。厳しく注意すれば一時は集中しますが、楽しくなければそれも続かない。しかし、見学した教室の子どもたちは、どの子もとてつもなく集中していて、しかもそれが楽しそうなのがわかる。ショックを受けたといっても大げさではないでしょう」

しかも、見学した教室の生徒は、自分の塾で教えている小学校高学年ではなく、低学年や未就学の年齢の子どもたちだった。

阿部先生は、小学校高学年で中学受験の問題に取り組み、効果を出すには、もっと前から基礎学習能力を身に付ける必要がある、と感じていた。そして阿部先生が見学した教室は、まさに理想的なものだった。

「基礎学習能力を育むために『速学』を打ち出そうと考えていました。書く、計算をするなどを速く正確にできるようになる。そのために必要なのが集中力。『いしど式』なら、その集中力を幼児期に身に付けることができると確信しました」

幼児教育と雇用の創出で地域貢献

阿部先生は、幼児期からの能力開発を目的にした講座教室を新たに開設することにした。その柱となるのは「いしど式」のそろばん教室である。その教室開設のため、まずは「そろばん先生」の養成に取りかかった。

「進学塾としての実績はあっても、そろばん教育のノウハウはまったくありませんでした。しかし、石戸珠算学園のサポートのもと、全国珠算連盟の珠算教師資格をインターネットを介して学び取得することができました。準備時間は1年かかりましたが、日常業務に支障なく人材育成が図れるのはたいへん助かりました。

さらに、そろばんの技術的指導法だけでなく、声かけなど学ばせ方がマニュアル化されていて、そこには子どもの能力を伸ばすノウハウが詰まっていました。単なる指導員ではなく、『いしど式』のそろばん教育をしっかりと教えることができる『そろばん先生』を、大分市にいながら育て、準備を整えることができました」

最初の「そろばん先生」は2名、2教室。生徒はわずか8名からのスタートだった。

「授業料は、地域の既存のそろばん教室より高く設定したので、最初は少人数になるとは覚悟していました。しかし、期待通りに子どもたちは、高い集中力を身に付け、それが親御さんたちに高く評価されました。すぐにそれまでの教室運営の経験ではあり得ない件数の問い合わせをいただくようになったのです」

阿部先生によれば、最終目標の受験とそろばん学習は直接には結びつかないという。しかし、早くからの集中力や正確な計算力の獲得が、小学校で学ぶ図形や論理、文章力などの学習をしっかりと支えるので、〝伸びしろ〟がグンと大きくなるのだそうだ。

1年後には、生徒数は120人に増加。生徒数と教室が増えることで、別の効果も現れた。

「受験勉強だけの指導だと、ある種の〝パワー〟も必要なため、専属の男性講師が中心となり、採用面でも対象が限られてしまいます。しかし、児童教育という新しい職場ができたことで、子どもを教えたいという女性たちの雇用も可能になりました。それにより、学習塾と併せた地域での企業評価も向上。私どもも、学習を通じた地域貢献という新たなやりがいを実感することができるようになりました」

そろばん教室への問い合わせと学習希望は増えており、今後も教室・生徒数、そして「そろばん先生」の数を増やしていくことで、さらなる地域貢献をしていきたいと阿部先生は考えている。

3 パチパチそろばん速算スクール（神奈川県）

新聞販売店の店舗空間と空き時間を有効活用

かつて学んだそろばんを活かした併業

前節までに2つの「いしど式」を導入したそろばん教室を見てきた。いずれも学習塾としての実績を持ち、新たに幼児教育へと生徒の対象を広げることが当初の目的だった。次に、まったく異なる業態や個人が、「そろばん先生」となり、そろばん教室を始めた事例を見てみよう。

神奈川県川崎市の西部、麻生《あさお》区は、里山の原風景と東京のベッドタウンとして開発された宅地が混在する地域。ここで、２０１１年から「パチパチそろばん速算スクール」を開校している塾長の石田康浩さん（以下、石田先生）の本業は、新聞販売店の社長である。開校を考え始めたのは、30代半ばをむかえたときのことだったそうだ。

「人生を仕事だけに埋没させずに、社会貢献、地域貢献という形で世の中との関わりを持っていきたいと考えるようになりました。新聞販売店は、もともと叔父がやっていた事業を脱サラして引き継ぎました。作業のしやすいスペースを求めて２００９年にこの場所の建物を借りたのですが、店舗の空き時間を有効活用して何かできないかと考えたのです」

新聞販売店の業務は、朝夕の新聞配達とその準備がメイン。店舗はチラシの折り込みなど、準備作業のため広いスペースが確保されている。しかし、翌日朝刊の折り込みチラシの準備作業は14時半には終了し、その後は、夜間の朝刊の準備まで使うことはない。新聞の購読世帯も頭打ちから減少傾向にある中、相対的に負担が増す固定費の緩和も課題だった。

「住宅街に近く、道路沿いにあるとはいえ、それはあくまで新聞配達をする上での利便性の良さ。この場所で、限られた時間で可能なビジネス、まして地域に役立つものは、すぐには思いつきませんでした」

実は、石田先生は、小学校3年の頃からそろばんを学び、高校では神奈川県内でも強豪の珠算部に所属。全国大会にも出場し、最終段位は珠算七段の実力を持っていた。税理士事務所に就職後も、電卓よりもそろばんを使って計算をしていたことから、同僚に「パチパチ君」と呼ばれていたという。

「新聞販売店を始め、もうそろばんとは無縁と思っていました。実際、この地域は古くは農村で既存のそろばん教室もありません。私は、横浜市で生まれ育ち、都市部のそろばん教室しか

石田康浩先生

パチパチそろばん速算スクール
神奈川県川崎市麻生区片平3-4-3　☎090-5522-0292
http://pachipachisoroban.com

知りませんから、この土地、この店舗で教室が成り立つというイメージが持てませんでした。妻に相談すると、『今時、そろばん教室なんて……』と怪訝《けげん》な顔をされ、私もそうだよなあ、と反論することはできませんでした」

本業の合間に可能だった開校準備

それでもあきらめきれず、調べる中で、石戸珠算学園のメールマガジンの存在を知り、毎月読むようになった。

「『いしど式』の能力開発やイメージトレーニングという着眼点が、私の知っている計算技術重視のそろばんとは違い新鮮な驚きでした。また、石戸先生の文章から伝わる熱意、幼児がそろばんを学ぶ上での指導方法のノウハウなどを知るにつれ、自分もそろばんでこの場所から地域貢献が可能かもしれないと思い始めたのです」

石田先生の中で、自分の人生の中のそろばんと未来に向けた地域貢献という思いがつながった。しかし、従来の「そろばん業界」を知っていればこそ、新規参入の難しさも想像できた。奥様を説得できるだけの納得を自分が持つことも必要だと考え、まずは本業の合間にできることから始めようと、インターネットで珠算教師資格取得に挑戦することにした。

「昔取った杵柄《きねづか》といいますか、そろばんの技術面については復習のようなものですから、短時間でクリアできました。その他にも、レポートを書き、講習を受けるなど、さまざまな学習を通して〝教える側〟としての習熟度が得られるのが開業への自信となりました。実際の開校に向けた研修もあり、約10か月間をかけて〝そろばん教室でやっていける〟という確信を持てるようになりました」

実際の開校準備は、石戸珠算学園から地域ニーズの分析、広告活動のノウハウなどのアドバイスを受けながら進められた。準備から開校、そして開校後の将来展望までが、豊富な事例をもとにサポートされるため、当初は不安を感じていた奥様も安心して石田先生と共に準備に携わることができたという。

空き時間・空きスペースの有効活用

新聞販売店の店舗は、事務室と作業スペースからなり、作業スペースをそろばん教室に使用する。大きな作業台を移動させ、机といすを配置するのだが、これを短時間に夫婦2人でできるよう、石田先生は、さまざまな工夫を考えた。作業スペース内に、新聞販売店の設備を移動できるスペースを確保し、間仕切りを新たに設けた。新聞のスタッフが作業を終え、作業場が空くのが14時半。石田先生夫妻がスペースのレイアウト変更を始めるのが14時50分。約20分で、教室が完成。道路に面した入り口周辺の安全のための柵を設けるなどの作業を含めても、約30分程度で終わった。

授業は、月・火・水・金曜日の15時40分から19時40分。その間に4部の授業を設定している。すぐ隣が小学校ということもあり、15時を過ぎると小学校低学年の子どもたちがチラホラと教室にやってくる。まだ開始時間まで間があるが、先生とおしゃべりをしたり、ラックに備え付けの「小学生新聞」や本を手にして読んだりする子どももいる。

「新聞販売店ならではの特典です（笑）。そろばんを楽しく学ぶついでに、新聞や活字にも早

新聞販売店の作業スペースをそろばん教室に短時間で変更

通常は、配達する新聞にチラシを折り込む作業場として使用。大きな作業台やチラシの折り込み機械などが並ぶ

備品を移動させ間仕切り等で隠し、椅子と机を並べればそろばん教室に。20分程度で変更可能だ

教室の内外の工夫

車の往来が多い街道沿いには、柵を設置して子どもたちの安全を確保している

教室に置かれたラックに備え付けの新聞や本は、待ち時間に自由に読んでよいことになっている

現在はそろばん教室を専業。外観も刷新した

くから親しんでくれたら嬉しいですね。開校以前は、新聞とそろばんとは、まったく縁のない組み合わせだと自分では思っていたのですが、教室の案内チラシを見た親御さんが『あそこの新聞屋さんですよね？　なら、安心だわ』と言ってくださることが多い。中には、新聞購読を始めてくださるご家庭もあります。

地域への貢献の手がかりにと始めたそろばん教室でしたが、新聞もまだまだ人びととの信頼を得ていることを改めて感じています」

地域貢献の場としてのそろばん教室

石田先生が教室の運営で心がけているのは、「厳しさとユーモア」だ。そろばんを学ぶ上での集中力とマナーを身に付ける上で、厳しく言うときは言う。しかし、小さな子でも楽しく通えるよう、緩急を付けたコミュニケーションを大切にしている。

「そうしたコミュニケーションの中に、子どもたちのやる気を引き出すヒントもあるんです。返事が控え目な子が、実はちゃんと人の話す内容を聞いている。普段、落ち着きがない子でも、試験のときはしっかり集中できる。それが日々成長していくんです。

それぞれの長所短所を把握すれば、注意の言葉もほめる言葉も、同じようにその子を伸ばします。子どもはそろばんを学びながら『そろばん先生』を介して大人の姿も見ている。大人がきちんと挨拶し、きちんと話をすれば、しっかり返してくれます。こうした経験、それを把握し、実践することでのやりがいや充実感も『いしど式』の指導方法を行っているからだと思います」

そうした日常的な子どもとのコミュニケーションで気付いたことは、記録簿や直接の声かけで親にも伝えている。地域の特徴として、親たちの思いは、早期に計算力や基礎学習能力が身に付くことで、小学校4年生になると学習塾へ移る子も多いという。

「私も進級や競技会出場をメインにはせず、すこしでもそろばんが上手くなりたい、計算が速くなりたいという子どもたちの気持ちに寄り添うようにしています。今は、自分の中に勝手に壁を作る子どもが多いことも、教室をやってみて感じました。その壁を取り除く、親御さんと一緒にやっていく、そうした場にしたいと思っています」

石田先生は、2016年に新聞店の営業を閉め、そろばん教室に専業することにした。地域貢献への思いが、「いしど式」との出会いで具体化し、さらなる発展を続けている。

4 家業との併業で地域貢献の夢を叶える チャレンジそろばん（福岡県）

児童教育は地域の課題

もう1例、本業を持ちながら「地域貢献としてのそろばん教室」を始めた事例を紹介しよう。福岡県の八女《やめ》市と筑後《ちくご》市、広川《ひろかわ》町で3教室を運営する「チャレンジそろばん」の塾長を務める近藤信秀さん（以下、近藤先生）は、木材を原料にした肥料などの農業資材を取り扱う会社を経営している。

近藤先生は、子どもが小学校に入ると、PTA活動に熱心に参加した。すると、現在の教育現場のさまざまな課題を目の当たりにしたという。中でも入学間もなくから算数でつまずく子どもが多いことに衝撃を受けたそうだ。

「私は小学校の頃にそろばんを習っていました。算数が徐々に難しくなって得意や不得意の科目になるのは昔もそうですが、初歩的な入り口の足し算や引き算でつまずく子どももいる。

妻も、ボランティアで中学校の補習指導を手伝ったときに、小学校の算数が理解できていない生徒が多くいることを知りました。

いずれも学校教育の問題と批判することは簡単ですが、学校の中から現状を見てみると、集団教育の中では、先生が一人ひとりに小まめなサポートをできない実情も理解できます。学校の外から、そうした課題に取り組めないか、そんなことを夫婦でよく話していました」

小学校の段階で算数でつまずき、勉強が嫌いになってしまう。そのまま中学校に進み、数学はもちろん、学習全般に遅れが生じ、人間形成の大切な時期の学校生活そのものに問題が生じてしまう。それは1人の子ども、1つの家庭の問題ではなく、地域社会の課題だと近藤先生夫妻は考えたのだ。

それは、近藤先生の「本業」での経験が大きく影響していた。

「肥料などを農家に届ける中で、さまざまなお話を聞いてきました。売れる野菜を作るには虫の対策がとてもたいへん。しかし農薬を使えば済むというわけではない。おいしい野菜は肥料を与えればできるというものでもない。栄養があって美味しく、だれもが安心して食べられる野菜を育てるには、まず土作りが大切だと農家の方々から教わりました。良い土を作れば、そこに根をはる苗は栄養をしっかり吸収し、虫にも勝てる。本業では、その土作りの手助けをしている自負があります。

子どもたちの抱える学習の課題にも同じことがいえるのではないか。一人ひとりの子がしっかりと根をはれる学習環境を作りたいと思い至ったのです」

そんな時期に『日経新聞』の記事で石戸珠算学園の石戸先生の記事を読んで、近藤先生は感銘を受ける。子どもの学習の課題、児童教育の必要性、能力開発の方法など、その考え方も含めて「我が意を得たり」と感じたそうだ。

近藤先生は、すぐに連絡先を調べてアポを取ると福岡県から千葉県へと飛んだ。

本業を続けながら資格を取る

「石戸先生にお会いし、直接、そろばん教育の現状と『いしど式』の内容やその効果の説明をうかがいました。そもそもの教育の現状への眼差しが自分と同じと再確認できましたし、『いしど式』の指導方法であれば、学校の先生でなくても子どもたちの学習能力をサポートできると確信しました。

すぐにでも始めたい。帰路ははやる気持ちを抑えることが難しかったのを覚えています」

チャレンジそろばん
福岡県八女市本町1-207
関塾八女中央教室内
☎080-2692-6272
八女教室、筑後教室、広川教室で「いしど式」のそろばん教室を開校
http://www.charenji-soroban.jp

「チャレンジそろばん」で学ぶ生徒たち

近藤信秀先生

福岡県八女市の八女文化会館にて開催された第１回九州カップ珠算選手権大会（全国珠算連盟主催、2014年）に参加した子どもたちと石戸先生（中央）

しかし、冷静に考えてみると本業も地域の農家の方々に必要とされている。ならば、人を雇って始めるのか？　だが、他人に任せられるのだろうか？　近藤先生は、1年程自問をくり返した。そこでまずは「そろばん学習」をもっと知るために珠算教師資格を取ることにした。本業の合間に時間を作り、インターネットを使って珠算教師資格取得の勉強を重ねた。

「1年間かかりましたが、本業に支障なく自分のペースで学べたので続けることができました。そして『いしど式』を導入している石戸珠算学園のグループ校を紹介していただき、実際の教室に見学にも行きました。

そこでわかったことは、自分が小学校の頃に学んだそろばん学習とは大きく異なる点です。まず高度なテクニックに重点を置いているのではなく、『2＋3がわからない』幼児に教えるノウハウがあること。それは、子どもとのコミュニケーションであり、気持ちを通わせる言葉であったりするのですが、幼児教育として優れたノウハウが確立していました。実際に教室の『そろばん先生』にも話をうかがうと、いわゆる〝フランチャイズ〟とは異なり、経営や売上げ主義ではなく、〝子どもたちのため〟という思いをモチベーションに、自分なりの個性も活かして取り組めるので、続けることが楽しいということもわかりました。

これなら私にもできる。いや、やってみたいと思えたんです」

「そろばん先生」としての資格を取得し、「いしど式」でのそろばん指導にも確信と自信をもった近藤先生は、2011年に最初の1教室目を開校した。学習塾の1教室を間借りしてのスタートだった。

「地域には既存のそろばん塾もなく、どれだけニーズがあるかは不明でした。でも、とにかく1年はがんばろうと自分を発奮させてのスタートです。最初は小学校2～3年生が中心で、生徒数は15人でした」

子どもたちの自信と誇りを育む

小学校2年生は、九九を学び始める頃で、算数ではつまずきがちな難関だ。しかし、近藤先生の「チャレンジそろばん」で学ぶ子どもたちは、九九は難なくクリア。さらに1年生で割り算ができるようになったと親たちが驚き、それが口コミで広がると学習希望者がどんどんと増えていった。中には、車で30分かけてでも通う親子もいた。

「子どもや親御さんから、学校の授業より早くに計算が身に付いていたので授業がスムーズに学べたなど、さまざまな感謝の言葉をいただきました。高学年の子は、学校の授業でそろばんを使うときに先生の助手として教室の前に立ちクラスメイトに教えたんだと、誇らしげに報告してくれました。また、『得意技を披露』する学習発表会で、教材のＣＤを持って行って読み上げ暗算をやったら、縄跳びやサッカーボールのリフティングを披露する子以上にクラスがどよめいて自信が持てたという子もいました。

当初は、基礎学力のサポートを考えて取り組み始めたそろばん学習ですが、予想以上の効果、何よりも子どもたちが自分に自信を持つという人間形成の手助けになっていることが、本当にうれしいですね」

車で通う親から、他の地域でも近藤先生のそろばん教室ならニーズがあると要望を受け、その後、２教室を開校。現在では、奥様も珠算教師資格を取得して「そろばん先生」として子どもたちを教えている。

第二の人生の〝本業〟を準備する

現在、近藤先生は、本業の業務や配達を効率化して15時までに終わらせて、その後は「そろばん先生」として各教室を回る。時間配分としては、本業が6、そろばん教室が4という割合だそうだ。

「本業をギュッと効率化するのはたいへんですが、そろばん教室で子どもたちの真剣な時間を共有し、笑顔に触れられるかと思うと毎日が楽しい。また、そろばん教室は、スタート時のコストが小さくて本業への負担も少ない。それでいて、実績や評判が積み重なり生徒が増え、経営が安定していくストック型のビジネスです。無理なく続けられるのがうれしいですね」

当初1教室15人でスタートした「チャレンジそろばん」は、現在では3教室170人に増加。近藤先生は、50代に入り、本業は60代で後継者に譲ることを考えている。

「今の日本では、60代からの人生もまだまだ長い。第二の人生の〝本業〟は、夫婦で『そろばん先生』という目標ができました。児童学習の支援で地域貢献に取り組みたいという思いを、そろばんという切り口で実現し、予想以上のやりがいと期待を持てたことに驚いています」

5

優れた「そろばん先生」育成の研修制度
いしど式速算義塾（東京都）

これからの人生を賭ける事業を見極める

前節までは、「そろばん先生」自身が過去にそろばんを学んだことがある、そのことにより、そろばんを切り口にした取り組みを始めた事例を紹介してきた。次に、そろばん未経験から「いしど式」の研修制度やサポートで「そろばん先生」になり、そろばん教室の開校を実現した事例を見てみよう。

「いしど式速算義塾」の水上拓哉代表（以下、水上先生）は、2014年に「いしど式」のそろばん教室を東京都江戸川区に2教室開校した。水上先生は、子どもの頃にそろばんを習うなどの経験はなく、そろばん教室を開業しようと思い立ってから「そろばん先生」になるために準備を始めたそうだ。

「もともと30代半ばで父が営んでいた事業を引き継いだのですが、そちらは時代の趨勢で業績

水上拓哉先生

いしど式速算義塾
東京都江戸川区篠崎町7-14-11
☎03-3676-5454
篠崎駅前教室（写真）、パルプラザ小松川教室で「いしど式」のそろばん教室を開校
http://ishido-shiki.com

が思わしくない。そこで、別の業態で活路を見いだそうと以前からフランチャイズ（ＦＣ）事業に参入して実績を上げてきました」

水上先生が最初に関わったＦＣは外食系。飲食店を約20店も展開した。外食は、本部の戦略次第で上手くいくこともあるが、大きく落ち込むこともあったそうだ。そこで、業態を変え、次に参入したのが女性専用のフィットネスクラブのＦＣだった。本部の経営方針やＦＣ事業の取り組み方、また経営陣の人物像も直接会って確かめるなどして見極めて決めた。このＦＣも約20店舗を展開したが、安定した事業運営ができ大成功を収めた。

「ＦＣの事業は２００３年から10数年にわたり実績を積み重ねてきました。組織の作り方、本部の事業戦略や経営ノウハウの見極め方など、自分なりに極めた感があり、一度すべての事業を整理してこれからの展望をゼロから計画することにしました」

業種業態は、どんなものでも成功させる自信が水上先生にはあった。しかし、やるからには、新しく、やりがいがあり、自分のこれからをかけるに値するものを選ぼうと決めていた。情報収集を続けながら、これだ、と思える事業と出合うまでジッと分析を重ねる日々が２年間続いた。そして、ある日、「これは面白いかもしれない」と水上先生が白羽の矢を立てたのがそろばん教育だった。

厳しいチェックで見極めた確かな〝質〟

それまでの事業経験で育んだ幅広い人脈やコンサルタントから寄せられる情報の中に、そろばん教育に関するものがあった。

「最初は、ちょっと疑っていました。それはちょっと無理なのでは、と。私の子どもの頃でさえ、そろばんはマイナーな習い事になろうという時代でした。小学校の授業で少しさわったぐらいの記憶しかない。

でも逆にそれが引っかかりました。ずっと以前に時代遅れになったと思っていたものが、新しい教育として注目されている。情報源も確かな方ばかりでした。そこで、信頼できるコンサルタントに正式に調査を依頼しました。すると、脳力開発として大きな可能性があることがわかりました。

これはやってみたら面白そうだ。私のアンテナも強く反応して、そろばんに事業として取り組もうと本格的に考えました」

しかし、どんな異業種でも参入していく自信のあった水上先生でも、そろばんはまったくの門外漢。やはり、ここはしっかりしたノウハウと実績を持つ事業者を見つけることが重要だと、さらに調査を重ねていった。

「話題になるだけあって、そろばんに関する事業者もＦＣもすでに多くありました。しかし、その内容を精査していくと、たった1つの点にたどり着くことがわかったのです。それが、石戸先生の『いしど式』でした。

教育システムはもちろんですが、ＦＣビジネスとして参加する上では、本部としての経営戦略、ＦＣ組織としての信頼度が重要です。そこの判断基準は、かなり厳しく精査しましたが、圧倒的に安定した実績を『いしど式』は持っていました」

さらに、水上先生が重視したのは、組織の〝質〟だった。そこで水上先生は、石戸珠算学園を訪ね、学園長の沼田紀代美先生と面会。教室や社内の雰囲気、スタッフの働きぶりまで、事細かくチェックしたという。

「それこそトイレの壁に貼ってある標語までチェックしました。表面だけ取り繕った組織には、どこかに〝穴〟があるものですが、どこにもそれがありませんでした。何より〝人柄〟が確かでした。学園長の表情、スタッフの動き、そうした中にも人や組織の〝人柄〟というのはにじみ出るものです。〝ここは大丈夫だ〟と確信し、安心して『いしど式』のそろばん教室で

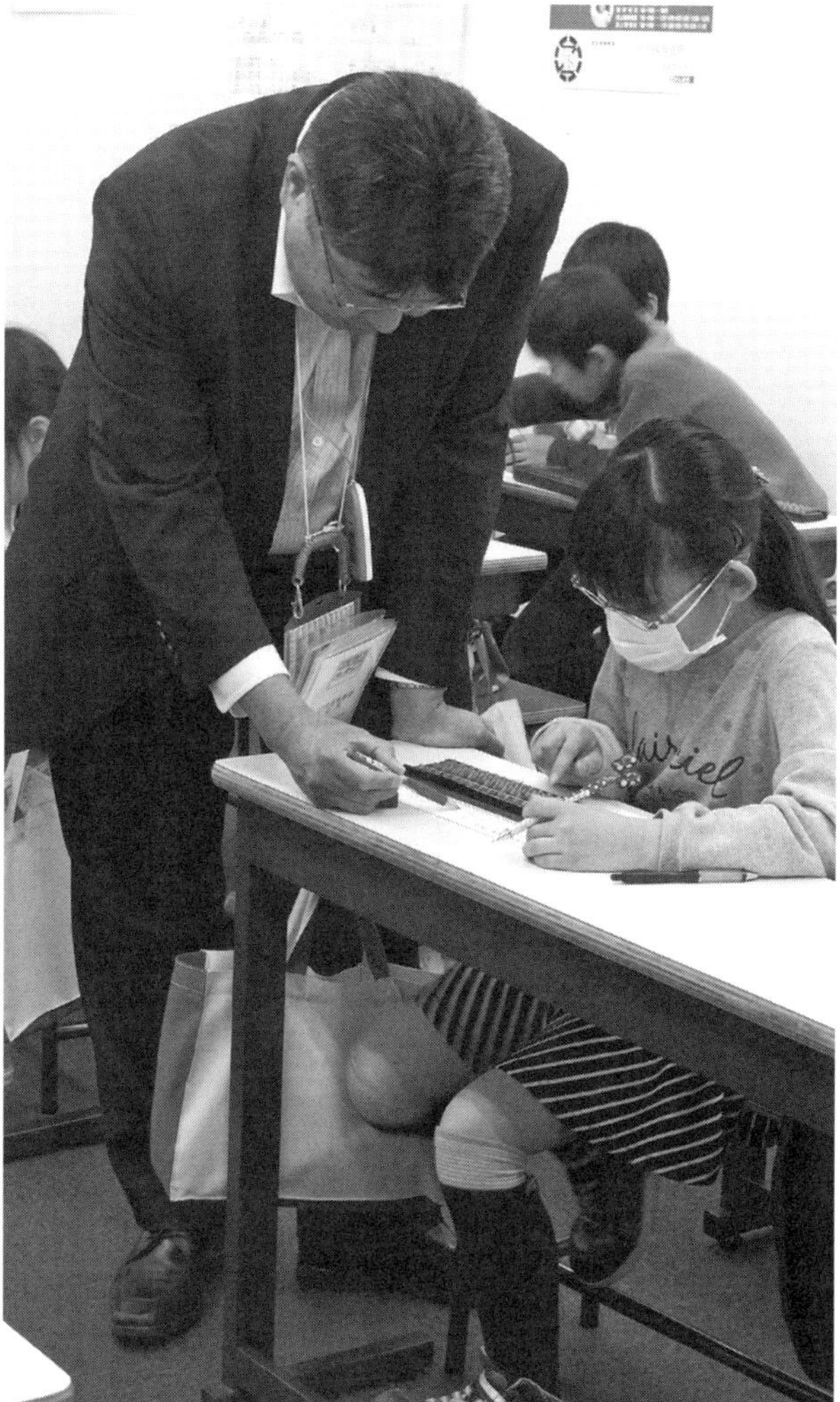

「『そろばん先生』は自らがプレイヤーであり、
日々、充実感がある」と言う水上先生

新しい事業を開始しようと決めました」

そろばん未経験から「そろばん先生」になる

しかし、その時点で水上先生はまだそろばん未経験者だった。２０１３年の10月、開校準備のために会社を立ち上げた。そろばん経験者を雇用して無難にスタートする選択もできた。しかし、水上先生は、ゼロスタートで自分自身が「そろばん先生」となって教室を運営しようと考えた。なぜなら、水上先生は「いしど式」の６つのメソッドを確かなものだと見極めたからだ。ならば、児童教育の指導方法はもちろん、「そろばん先生」を育成する「珠算教師資格・研修制度」についても、自分で最初から実践するべきだと考えたからだ。後に事業を拡大する上でも人材育成は大きな課題になることは、これまでのＦＣ事業の実績から重々承知していたことだった。

「教室を開校するのなら、ニーズの高まる春と秋が良いとのこと。そうなると２０１４年３月がいい。スケジュールはタイトですが、全部自分次第と考えると、無性にやる気が湧きました」

２０１３年の11月と12月、水上先生は、１日８時間以上を珠算教師資格取得のためのインターネットでの受講に費やした。その甲斐あって、初期的な指導が可能な実力を身に付けることができ、年明けの1月には、「そろばん先生」になるための実践的な講習を受ける段階に進めたそうだ。

開校予定は3月に迫っている。講習を受けながら、教室となる不動産探し、サポートスタッフの募集、さらには生徒募集のためのチラシの制作と配布も行った。限られた時間の中、毎日24時間がそろばん漬けとなっていった。

「2教室を同時に開校ということもあり、本当に大変でした。でも不思議とつらくはありませんでしたね。むしろ、これから新しいことが始まるというワクワク感が日々強まり、楽しくてしょうがないくらい。自分自身、日々、そろばんがどんどん上達しているのを体験している。これを早く子どもたちに伝えたい。今から思えば、私自身が『いしど式』のそろばんを学ぶ楽しさを知り、そろばんの〝ファン〟になっていたのかもしれません。

また、それまでのFC事業では、マネジメントに徹していました。多くの店舗や人員をどう動かすかというビジネスのハンドリングが中心でした。しかし、今度は自分が『そろばん先生』として、現場のプレイヤーになる。これがすごく面白いと気付いたんです。そして、実際に開校してみるとその面白さは予想以上だと実感しました」

コツコツやればできるという事実を伝える

水上先生が、いちばん面白いと感じたのは子どもたちとのコミュニケーションだという。
「本当は何が面白いのかは、まだ、自分でもわかりません。でも、楽しい。開校前の研修で他の先生の教室に行ったときは長いなあと感じた1時間が、自分の教室では、あっという間に流れていく感じです。

あっという間の時間なのに、子どもたちは、一人ひとり、その中で確実に成長していきます。『いしど式』の指導マニュアルにある通りにやれば本当にピタッと的確な指導ができる。中には、それだけでは難しい子もいますが、じゃあどうするかを考える。他の『そろばん先生』や石戸先生に相談することもあります。そういう苦労も確実に1人の子どもの能力の向上、成長につながるという実感がある。それが楽しい理由かもしれません」

初めてそろばんに触れる子どもたちに、コツコツやれば必ず身に付き、上達することを、実体験から教えていく。子どもと「そろばん先生」の二人三脚ともいえる、水上先生だからできるスタイルは好評を得て、「いしど式速算義塾」は開校3年目で2倍以上の生徒数になった。

募集チラシも欠かさず配布しているが、ほとんどが口コミを介して知った希望者だという。

挑戦は終わらない

２０１５年4月には、東京都と神奈川の「そろばん先生」11名が集まり「全国珠算連盟京浜支部」が設立された。水上先生は、監査役を務めることとなった。

「同じように『いしど式』を導入してそろばん教室を開いた『そろばん先生』たちです。研修会を定期的に行い、先ほどお話ししたような指導方法の相談や互いの実力をさらに磨くためのアイデアの共有など、さまざまな面で刺激を得ることができます。

また、連盟支部として独自の珠算競技大会も開催することができるようになりました。『いしど式』のつながりによって、自分の教室規模では難しいイベントもでき、教室の活性化にもつながります」

今後の課題は、「いしど式」だからという評価だけではなく「いしど式速算義塾」だからという独自性も打ち出していくことだそうだ。「目標を持つことも楽しい」と水上先生は言う。

6

セカンドライフに選んだ「そろばん先生」
石戸珠算学園 おおあみ中央教室（千葉県）

学習塾の低年齢層に向けた入り口、地域貢献、併業、確かなビジネスモデルなど、さまざまな面から「いしど式」のそろばん教室の魅力に可能性を見いだした人びとの事例を全国に追った。次に紹介するのは、現在70代の「そろばん先生」だ。古くからそろばん教室で教えていたわけではなく、60歳で定年退職し、第二の人生を模索する中で「そろばん先生」として児童の教育に関わることを決意した事例である。

割り算が苦手な米国人学生に感じた不安

千葉県大網白里市にある「石戸珠算学園 おおあみ中央教室」の教室長を務める田宮利和さん（以下、田宮先生）は、1944年の生まれ。まず、田宮先生の第一の人生を振り返ってみよう。田宮先生は、1972年に大手総合エレクトロニクスメーカーに入社し、定年まで勤めた。エンジニアとして黎明《れいめい》期のコンピューターのシステム開発にも取り組んだが、最も長く担

田宮利和先生

当したのがユーザーのシステム教育や指導だった。70年代、銀行や企業がコンピューターを次々に導入。しかし、そもそもコンピューターとは何かという理解が、経営者や管理職に普及していなかったそうだ。

「コンピューターとはどんなものか、何ができるのか、どう便利なのかを開発エンジニアとしての経験から一般の方にもわかるように説明するのが役目でした。しかし、コンピューターの進化もすさまじく、自分自身が学びながら、それを次々に伝えていく毎日でした」

その後、会社がハワイに設立した日米共同による経営科学の研究所に赴任。研究を続けながら、米国のビジネスを学ぶ研修に参画した。そこで田宮先生が見たのは意外な事実だった。

「米国の学生たちと交流する機会も多く、みな優秀なのですが、中には暗算で割り算ができない者もいる。たとえば、時速60マイルで4時間走る移動距離はわかっても、240マイルの距離を時速60マイルで移動するのに何時間かかるのかがわからない。米国で暮らし、米国人を見ていると、そこで起きる課題は、まちがいなく将来の日本にも起きると感じていました。算数の基礎学力の低下がいずれ日本でも問題になると、そのとき、直感したんです」

会社を定年退職したら、何か児童教育に関わることをしたいと考えた田宮先生だが、ユーザーや研究者を指導してきたとはいえ、教職を目指したこともなく、どのような手段や道筋でその思いを具体化していいかわからなかった。

「会社の中で専門職に専念してきましたから、その経験や実績が会社の外で引き続き活かせるかどうかもわかりませんでした。結局、退職後は体がなまらないように大学の警備員をやったり、英語を活かして空港の手荷物受付係をやったりしながら、趣味のゴルフを楽しむ日々でした。いっそ、ゴルフのレッスンプロになろうかと、別の道を考え始めてました（笑）」

児童教育に関わるためのそろばん

定年退職から1年が過ぎた頃、1枚の新聞の折り込みチラシが目にとまった。石戸珠算学園が「そろばん先生」を養成するための珠算教師資格の取得希望者を募る内容だった。田宮先生は、「この手があったか」と思ったそうだ。実は、小学校6年までそろばん教室に通い、最終の実力は1級を取得、競技会への参加経験もあった。

「とはいえ半世紀近く前の習い事です。それを60歳を過ぎてからの生業にしようとは考えたこともありませんでした。しかし、『石戸珠算学園』の文字に注目したのです。私は、会社勤めの頃から、日本数学協会の珠算・和算分科会に所属していました。その会に、企業で唯一参加していたのが石戸珠算学園であり、その名前が強く印象に残っていたのです。

石戸先生との面識はありませんでしたが、自分の会社員時代の専門分野に関わっていた企業が『そろばん先生』を育てようとしている。これなら自分もできるのではないか。ずっと思い描いていた児童教育にアプローチする糸口がここにあると思ったのです」

田宮先生の胸は高鳴ったが、少し冷静に考えると今からゼロベースで取り組んで物にならなかったら大きな痛手だと考えた。現状の仕事を続けながらはたして可能なのか、大きな期待と同じだけの不安をそのとき感じたという。しかし、児童教育への思いと、持ち前のチャレンジ精神が勝り、田宮先生は、チラシに書かれた番号に電話をかけた。実際に石戸珠算学園を訪ねて疑問点や不安点を率直に聞いてみようと思ったのだ。

自分でもできるのかという不安をぶつける

そのときの田宮先生の疑問と、説明から理解し、納得できたという要点を以下にまとめてみた。

Q　資格取得のためには、今の仕事を辞めて専念しないといけないのか？

A　珠算教師資格取得に向けた学習には、通信教育制度があり、インターネットを介した「eラーニング学習」が受けられる。自宅にインターネット環境と関連ソフトが使えるパソコンがあれば、現在の仕事を続けながら希望の時間に学習することができる。

最終課題の2日間のスクーリングへの参加は必須だが、希望の日を事前予約できる。

これなら仕事も趣味のゴルフも現状維持のまま、学習に取り組むことが可能だと考えた田宮先生は、6か月間の受講を決意した。

Q　珠算教師資格とはどのような資格なのか？

A　石戸珠算学園の「そろばん先生」になるために必要な珠算教師資格は、全国珠算連盟が認定するもの。長く、そろばん教室はそろばん検定有段者が個人で開き、独自に生徒を指導していたため、その効果も教室によりまちまちだった。そこで、「そろばん先生」になるために珠算指導者としての必要要件の取得に一定の基準を示すとともに、資格取得後も指導技術のレベルアップを図る資格制度を体系的に整理したのが、日本そろばん史上初の試みである珠算教師資格制度なのである。

この点については、田宮先生も講座を受ける中で、その具体的かつ実践的内容から徐々に資格制度の意義を理解していったという。まったく考えもしなかった児童教育に携わる「先生」になるための道筋が徐々に見えてくると共に、それが「自分にも子どもたちを教えていける」という自信に変わっていったそうだ。

田宮先生には子どもの頃のそろばん学習経験があり、会社員時代も人に知識や技術を伝えるシーンも多く経験してきた。しかし、それは大人を相手にしたもの。子どもたちと違和感なく接することができるのか不安だった。その点も田宮先生は率直に質問したという。

Q　はたして自分は「そろばん先生」になれるのだろうか?

A　そろばんが〝できる〟ことと、そろばんを〝教えられる〟こととは違う。珠算教師資格取得の講座では、そろばんを教える「技術」に加え、教える「姿勢」や「心構え」も合わせて取得することを目的としている。実践的な指導技術、児童の能力を伸ばすさまざまなノウハウが用意されているので、むしろ会社員としての経験は一度クリアにして、ゼロベースで学ぶことを勧める。

過去のそろばん経験も会社員としての経験も関係なく、まったく新しい「そろばん先生」への道筋を学び切り拓くための珠算教師資格を目指す。まさにゼロからのチャレンジの勧めに、田宮先生は大きな刺激を得て、「やってみせる」という思いを胸に学習をスタートさせた。

第二の人生をリスタート

半年間の学習を経て、田宮先生は、見事に全国珠算連盟の珠算教師資格初級を取得した。同時に石戸珠算学園からパートで「そろばん先生」として勤務しないかと誘われた。これまで勤め人としての経験しかない田宮先生にとって、それは願ってもないことだった。まずは助手として教室での指導の現場から実践ノウハウを学ぶこととなった。

「現場に立ち、そろばんが〝できる〟ことと、そろばんを〝教えられる〟ことは違うと改めて痛感しました。そろばんの使い方を教える、計算技術を教える、それだけではダメなんです。初めてそろばんを手にする子どもは、計算そのものがほとんど未経験。『24割る2はいくつか』ということを、そろばんを左手で押さえて、右手で珠を動かしながら、計算の考え方、そして答えを出す道順を一つひとつ教えていく。それも子どもがわかる言葉で。その教え方が、すべてマニュアル化されているので、その通りに覚えてくり返し現場で使っていきました」

田宮先生が驚いたのは、マニュアル通りの声かけは、単にわかりやすい言葉というだけではないことだった。耳で聞いてわかる、指を動かしてわかる、理解と指の動きとそろばんの珠の配置の視覚的なイメージすべてが一致して〝できる〟ようになる。すると子どもの表情に理解への喜びと、〝できる〟ことへの自信、そしてさらなる〝やる気〟が芽生える。田宮先生は、そうした瞬間を日々、目の当たりにしていくことの充実感を実感した。

「これは私の生涯の仕事になると思いました。会社員時代も充実していましたが、10年、20年前に資格を取って『そろばん先生』になっていても良かったな、と思ったほどです」

その後、間もなくして「石戸珠算学園 おおあみ中央教室」に教室長として着任。そろばん指導だけでなく、生徒募集のノウハウなどを学び、2011年に教室ごとの独立を勧められて決断し、「石戸珠算学園 おおあみ中央教室」の経営者として起業した。

「第二の人生において、まさか自分が事業を興すことになるとは思いもよりませんでした。そろばん学習の指導を通じた幼児教育という、まったくのゼロスタートからのチャレンジが実を結び、今もまだ発展途上にあります」

田宮先生は、その後も「いしど式」の研修やサポートを受けながら指導能力にも磨きをかけ、現在では珠算教師資格の上級も取得。これは、自ら「そろばん先生」を指導育成できる資格なのだそうだ。教室は土曜を含む週4日。生徒数は100名を超える。ネイティブの先生を招いた英語読み上げ算」の授業も行い、親からの評判もいい。

「子どもたちの能力をもっと高めたいという思いに加え、『そろばん先生』を育てたいという思いも強まっています。そのためには、自分自身がもっと育たないといけません。このチャレンジが生涯続くのかと思うと、毎日が本当に楽しいですね」

石戸珠算学園 おおあみ中央教室
千葉県大網白里市駒込752　ブラビーカクガワ303号室　☎0475-70-1748
http://www.ishido-soroban.com/class_detail.html?shop_id=5035

7

海外に広がる「そろばん先生」❶ グァテマラ

国づくりの礎となる人づくり

石戸先生が「いしど式」によるそろばん学習を広めるために必要だった「そろばん先生」は、日本各地でさまざまな人びとが、石戸先生の思いを共有することで続々と誕生している実情を見てきた。しかし、「いしど式」のそろばん学習と「そろばん先生」は、日本だけでなく、海外にも広まっているという。次に、海外での実情を見てみよう。

石戸先生が、そろばん学習の普及に取り組む中で海外に目を向け始めたのは、１９９０年代中頃。グァテマラから来日したキラ・デ・アブレウさんが、石戸珠算学園にそろばんを習いにきたことがきっかけだった。

キラさんは、夫が文部科学省の国費留学生として来日するのに同行し、１９８９年から95年まで日本で暮らした。その間、さまざまな日本文化を積極的に学ぶ中でそろばんのことを知ったそうだ。

「そろばんとはまったく無縁の文化圏からきた彼女にとって、電子計算機等を使わずにすばやく正確な計算ができることが新鮮だったようです。彼女の母国のグァテマラは、長く続いた内戦の影響で子どもたちの学習環境が十分ではなく、基礎学習不足の将来的不安が懸念されていました。

そこでキラさんは、自分が帰国後に『そろばん先生』となって、子どもたちにそろばんを教えたいと私たちの教室に学びにきました。帰国までの1年間をかけ、珠算教師資格を取得しました」

キラさんの子どもたちの未来にかけた熱意を石戸先生も積極的にサポートする。1995年、石戸先生から託された教材のそろばんを携えて祖国グァテマラに帰国したキラさんは、「イシド・キラ・ソロバンスクール」を開校した。そして3年後、キラさんの教室はグァテマラ初の「そろばん大会」の開催を実現した。現在までに5000人以上が学んでいる。

「地球の裏側ですから、日常の連絡もままならないこともあります。しかし、キラさんが地道に長期にわたり日本の文化であるそろばん学習の普及をグァテマラで続けてくれたことで、私たち以外にもさまざまなサポーターが支援してくれるようになっています」

ビジネスで両国を行き来する人、在グァテマラ日本大使館、そしてＪＩＣＡ（ジャイカ＝国際協力機構）のスタッフが、そろばん大会の運営に協力しているそうだ。

２０１３年には、キラさんの長年の活動が認められ、日本文化普及への貢献に対して、駐グァテマラ特命全権大使の長崎輝章大使より「グァテマラ在外公館長賞」が贈られた。これは同賞の表彰第1号だという。

２０１５年には、メキシコとの国境に近いウエウエテナンゴ市にも「Ａｓｏ．ｊａｐｏｎ そろばん教室」が開校した。先生は、現地で空手道場を開いているホルヘさんと、妻で日本人の香代さんだ。ホルヘさんは、空手を通じた体力作りと日本式の礼儀作法を教えてきたが、子どもたちには学習習慣も大切と考え、日本のそろばんに注目。「いしど式」のノウハウを導入することにしたそうだ。

そろばん教室の授業は、「気をつけ、礼！」の挨拶で始まるという。そろばん学習を通じた人づくりの輪が世界に広がっている。

キラ・デ・アブレウ先生

「白井そろばん博物館」に石戸先生を訪ねた、来日時のホルヘ先生と香代夫人

ホルヘ先生が教える「Aso japon そろばん教室」の生徒たち

8 海外に広がる「そろばん先生」❷ ポーランド

外国語のそろばんの教科書作成をサポート

グァテマラとの関わりを通じてそろばん学習の可能性に国境はないと実感した石戸先生は、積極的に海外への視察、そろばんのPR、普及に向けた具体的な協力関係の模索を続けている。これまでにグァテマラをはじめ、グアム、韓国、台湾、トルコ、ポーランド、ドイツなどを訪問した。そうした見聞の中で、石戸先生は、「そろばん先生」の活躍の場は世界中にあると思うようになったという。

「日本では、義務教育の小中学校卒業後、ほぼ全員が高等学校へ進学。高等学校卒の約5割は、将来展望とは関係なく、大学進学を希望し、近年ではほぼ全員がどこかの大学に入学できます。日本の大学でも基礎学力の低下は問題視されていますが、さすがに加減乗除などの基礎的な計算ができない学生は少ない。社会人全般においても基本的な計算能力は平均化しています。

ところが、人生の早い段階で職業選択や専門教育への進学に振り分けられるヨーロッパで

ポーランドで「いしど式」のそろばん学習に力を注ぐキャロル先生（左の男性）

キャロル先生が作ったポーランド語のそろばんの教科書

ポーランドの日本語学校の生徒とそろばん普及活動に取り組む石戸先生（2015年）

は、基礎学力の個人差が大きい。たとえばポーランドのワルシャワ大学は日本でいえば東京大学のような場所。日本語学科の生徒と交流を続けていますが、誰もがとても優秀です。しかし、数学が苦手という学生がとても多い。

そうした状況では、そろばん学習を早い段階から取り入れることで、基礎学力の向上につながる可能性は、日本やグァテマラ同様にヨーロッパにもあると感じました」

しかし、課題も大きく、まだまだ普及方法は模索中だという。ヨーロッパでは、学校での勉強の後は、治安の問題もあり、全員がスクールバスで帰宅する。「塾文化」そのものがないのだ。大学や日本語学校でのセミナーも開催、日本大使館主催のイベントにブースを出展してPRするなど、さまざまな機会にそろばんの魅力を伝え、どのようなニーズとマッチするのかを探っている。

そうした中、小学校の教師を務めているキャロル先生が、そろばんの魅力に関心を示した。キャロル先生は、小学生が算数に興味を持ってくれる方法を調べていく中でそろばんに出合ったという。石戸先生は、キャロル先生がポーランド語で執筆するそろばん学習のテキスト制作に全面的に協力。2014年、ポーランド語のそろばん学習の教科書が発刊され、キャロル先生の指導によるそろばんの特別教室が小学校1年生を対象に開設された。

9 海外に広がる「そろばん先生」❸ 教育を平和を生み出す〝武器〟に

「そろばん先生」は国境を越える存在

こうした海外でのそろばん学習の展開は、どのような思いからなのか。改めて石戸先生にたずねた。

「おかげさまで『いしど式』は、日本国内で順調に普及を進め、多くの『そろばん先生』を今も誕生させています。直営教室だけでなく、『いしど式』を導入したグループ教室も増えています。ビジネスモデルの成功例として経済誌から取材されることもあります。

では、その延長線上にある海外進出は、経営戦略なのかというと、違うんです。海外に関して、利益はまったく期待できません」

石戸先生の考えでは、「いしど式」の普及に「そろばん先生」が必要であるのと同時に、「いしど式」が教育ビジネスとして成立したことへの感謝としてお返しできる社会貢献もまた「そろばん先生」を増やすことだという。

「〝ひとりでも多くのそろばん先生を育てる〟という恩返しは、何も日本国内にこだわる必要はないと考えるようになりました。児童の能力開発、児童教育の課題は、世界共通、人類共通の課題です。日本でそろばんを学んだ『そろばん先生』が、海外でそろばんを教えてもいい。そこで新たな『そろばん先生』を育ててくれればなお良いですし、海外でそろばんを知った人が、日本にきてそろばんを学んで『そろばん先生』になるのもいいでしょう。その外国人の『そろばん先生』が日本で子どもたちにそろばんを教える、という姿も考えられます。

そうしたそろばん学習と『そろばん先生』の広がりが、国境を越えて交差していく中で、日本の習い事や塾の文化では当たり前のそろばん教室という教育施設が世界中に普及するのではないか。ポーランドで感じた普及の難しさを解決する方法としては、とても遠回りかもしれませんが決して不可能な夢とは私には思えないのです。教育の普及には時間がかかります。人を育てるところから始めないといけないからです」

そろばんのブランド力を守る

もうひとつ、石戸先生と海外との関わりの事例を紹介しよう。2015年、石戸先生のもとをモンゴルからネルグイさんが訪ねてきた。モンゴルでは近年、都市部の富裕層を中心に、児童教育としてのそろばん学習に注目が集まっているという。もともと日本文化への関心も高く、今後もニーズの高まりが期待できると考え、本場日本に確かな指導方法を求めて「いしど式」にたどり着いたのだと熱く語られたそうだ。

石戸先生も独自に調査すると、すでにモンゴル国内ではいくつかのそろばんに関する団体や組織が存在していることがわかった。

「中には背景が不確かなものもあり、日本で発行されている検定証書を勝手にコピーして使っている例もありました。『そろばん』が評価されること自体は嬉しいのですが、そのブランドが一人歩きして粗悪なものが横行し、逆にブランドイメージを落としかねない。今後は、こうしたことにも手を打っていかないといけないと感じました」

ネルグイさんは、大学の教員でNGOを立ち上げて日本とモンゴルの交流事業の一環としてそろばんの普及に取り組みたいと考えていたようだ。石戸先生は、その生真面目さとより確かなものを求めて訪ねてきたことに感銘を受け、日本で珠算教師資格を取得することを勧め、「いしど式」のそろばん学習をモンゴルに普及するための支援を申し出た。

「半分は善意。半分はそろばんのブランドイメージを守るための経営戦略という面もあります。今後、こうした要請は世界中からくると思います。それに対し、『いしど式』が40年の実績で培った教育理論をしっかりと説明し、受け渡していかないと、せっかくのそろばんの可能性が、安易な教育ビジネスの中で変質してしまうかもしれません」

そろばんは平和を生み出す武器

「中には〝日本のそろばんで儲けよう〟と安易に考える人も出てくるでしょう。しかし、そんな安易さで児童教育は担えません。長続きもしないでしょう。しかし、『いしど式』であれば、そうした安易な偽ブランドのそろばんに負けることなく、たしかな実績を残しながら地域社会に評価され、長く続くビジネスモデルとして成功するはずです。すると『そろばん先生』は、有望な職業となるのです。将来は『そろばん先生』になろうと夢見る子どもも出てくるでしょう。『そろばん先生』が増え、子どもたちの基礎学力が上がり、将来展望が開けていけば、地域社会も安定する。

これは社会が混乱し、経済的に困窮している国や社会にとって、即効性はないかもしれませんが確実な効果をもたらすと私は確信しています。貧困から武器を手にしなければいけない人

モンゴルから来日し、珠算教師資格を取得し、帰国後に「いしど式」そろばん教室を開いたネルグイさん

がまだまだ世界中にたくさんいます。私は『そろばん先生』を1人でも多く育てることが、社会への恩返し、社会貢献になると日頃から言っていますが、教育こそが武器になる、平和を生み出す武器になると願っているからです」

銃ではなく、教育を武器にする。そのためのそろばん教育の普及に必要な「そろばん先生」を国内外で増やしていく。千葉県白井市の「そろばん博物館」で石戸先生が日々思いを募らすその夢は、夢ではなくなりつつある。

ポーランドやグァテマラ、中国、ヴェトナム、そして日本各地から、「いしど式」のそろばん教室を開校したいという人びとが、最寄り駅から徒歩30分の「そろばん博物館」を訪ねてくるのだ。今、「そろばん先生」は、日本国内だけでなく、世界で注目される職業になろうとしている。

10 「そろばん先生」のやりがい

「そろばん先生」への道

第1章では、石戸先生の半生を振り返りながら「いしど式」そろばん学習の誕生の過程とその本質を理解し、第2章ではさまざまな人びとの事例から「そろばん先生」とは何かを探ってきた。改めてそれらを整理し、なぜ今、「そろばん先生」が必要とされているのかを分析していく。

石戸先生が今いちばん期待している「そろばん先生」予備軍は、現役の会社員だという。「現代の会社での仕事は、かなり個人的な世界で完結するものが増えていると思います。最大の要因はパソコンやインターネットの普及でしょう。アナログの時代であれば、書類1枚、伝票1枚でも人が持ち運び、取引先との間を行き来していました。その中でさまざまな他人とのコミュニケーションがあり、コミュニケーションを成立させるための人との関わりがあった。

ところが今は、だれもが一日中、パソコン画面を見つめ、データのやり取りでバタバタしている。人と目を合わせて会話することも減り、メールを介してしまえば会話自体が存在しない。そういう仕事を見ていると私はすごく不安になる。将来どうするのかな、と」

仕事の受け渡しはデジタル化され、作業の前後のコミュニケーションは減り、全体を俯瞰《ふかん》する機会が失われがちだ。自分以外の業務を知ることも減り、他人の仕事の進行具合や出来不出来もうかがい知れない。業務は個人で孤立化し、その中で専門性が特化していき、その結果、仕事での汎用性が育たず、「社内専門職」的な人材が増加している。そうした職場で自分の業務に専念して年を重ねていく人びとの「将来」に石戸先生は不安を覚えるというのだ。

人生の「土台」を作る

そもそもそろばんは、古くから「読み・書き・そろばん」といわれるほど、早くから身に付けるべき手習いの1つだった。この順番だとそろばんは最後に学ぶ計算技術のように思えるが、石戸先生は「それは違う」とする自説を持つ。

「現代人は『読み・書き・そろばん』を基礎学力と考えますが、私はそこが違うのではないかという考えです。江戸の頃、農家の次男坊が奉公に出る。その時点では、読み書きも学んだことがない。奉公先もそれを教えているヒマはない。最初は雑用に始まり、仕事ぶりを見て商売に向いてそうだとなってから、そろばんを持たせて在庫の管理や帳面付けの手伝いをさせたのではないか。『読み・書き・そろばん』といっても、まずそろばんがあり、それを越えないと読み書きの習得すらままならなかったのではないか、と」

初めての学習を自力でこなし、たいへんな思いをして身に付けたそろばんの使い方。そうして身に付けたそろばんの能力が、その人の「土台」となる。

「ところが、計算機が普及すると仕事の計算はそろばんでしなくなる。そのため、読み書き以前のそろばんの使い方を身に付ける努力も不要とされてしまった。ここで失われたのは、単にそろばんの使い方というノウハウだけではありません。物事を学ぶ、身に付くまで努力するという、働く上での『土台』が失われてしまったのです」

土台を作る。人生の足場となる地固めをしっかりしておく。そうすることで、土台を力強く蹴って、ホップ・ステップ・ジャンプと成長していくこともできるし、長い年月の中で成長が止まり、活躍の場を失ってもまた土台に戻ってホップから始めることもできる。

しかし、土台作りをしていなければ、戻るべきスタートラインすら見つけ出せない。それでも崩壊しつつあるという終身雇用制が一般的であれば、なんとかやり過ごすことはできただろう。しかし、リストラや早期退職での転職は当たり前、定年まで勤めたとして平均余命を考えれば、その後に20年もの余生が待っている。

職場を失い、在職中から他者とのコミュニケーションが少なく、仕事の能力の汎用性に乏しい現代人の土台のなさを、石戸先生は不安だと言うのだ。

「それでも生活に余裕があれば趣味に没頭するのもいいでしょう。しかし、ある程度の収入を確保したい、他者から評価されることをしたいと思うのなら、早くから準備をしておいた方がいい。『そろばん先生』を、第二の人生の選択として特に会社員の方々に勧めたいのは、そうした課題の解決に有効だからです」

現役会社員に勧める「そろばん先生」への準備

石戸先生が提案する「モデルケース」はこうだ。定年を待つのではなく、仕事があり、給与が得られる安定した状況の中で、珠算教師資格取得のための勉強時間を確保する。そろばんの技術に加え、学習指導の理論を理解する過程で、現在の会社の業務を客観視でき、仕事への集中力が高まることも期待できる。

資格を取得し、生活設計等の展望も持ち得た段階で、早期退職制度を利用すれば、退職金の一部を初期投資と運転資金として不安のないスタートが切れる。現在、職を持っている会社員であればこその選択だが、石戸先生は、企業自体にも勧めている。

「少子化に伴う人口減少は、さまざまな既存企業に市場規模の減少という課題を突きつけています。それは業種に関係なく従業員数の減少を求めるでしょう。早期退職の奨励やリストラの通告が、会社員であればいずれ訪れる人生の岐路《きろ》となったのです。

　しかし、年齢が高い場合、転職先が容易には見つからない。その不安から早期退職者が予定数に達しない。そこで無理なリストラ策を講じるよりも、社員が在職中に『そろばん先生』になれるようサポートしてはどうでしょう。社員に第二の人生に前向きに対応する時間を与えることができますし、『そろばん先生』を増やすことは企業の社会貢献ともいえるので、イメージアップの効果も期待できます」

　また、単に社員の退職後を見据えた職業技能訓練としてだけではなく、企業そのものが事業の多角化として「そろばん教室」を運営し、「そろばん先生」として採用することで、社員の雇用を守ることも可能だ。妊娠・出産を機に休職したものの勤務時間等で職場復帰が難しい社員にも対応できる。

日本人の働き方の改革がいわれて久しいが、「そろばん先生」という選択は、間違いなく働き方の多様性という議論に一石を投じることだろう。

「そろばん先生」にできること①――子どもを見守る

では、「そろばん先生」としてデビューすると、どのような日常が待っているのだろうか？会社を離れても、社会的な評価を得たい、という人が満足できるやりがいや充実感のある環境がそこにはあるのだろうか？

「そろばん先生」が、日々コミュニケーションを取る相手は子どもたちだ。石戸先生は、くり返し「〝学ぶ楽しさ〟を子どもたちに植え付ける」ことが「そろばん先生」の役割だと説明してくれた。

「そもそも〝楽しい〟とは何をもって感じるものなのか？　それを子どもに寄り添って、常に与え続ける必要があります。そして、その子なりの一生懸命ながんばりには、その都度、きちんと適切な評価を与える。どの子に対しても正しく評価することをずっと続ける。これは、総体評価や横並びが基本の学校教育ではできないことです。また、隣近所の付き合いが希薄な地域の日常では、親や教師以外の大人から子どもたちが何かしらの評価や理解をされる機会もありません。

その地域に『いしど式』のそろばん教室があり、『そろばん先生』がいれば、子どもたちは正しく評価され、自分と見つめ合うことができる。親にすれば、家庭の外に自分の子どもの成長を客観視できる基準が持てる。

『そろばん先生』が子どもたちを見守り、それが正当なものであれば、子どもたちに学ぶ喜びと自信を育み、結果、そろばん教室は親や地域から信頼という評価を得られるのです」

「そろばん先生」と子ども、親、地域の眼差しが幾重にも重なりながら、学校とは異なる子どもたちを見守り続けるそろばん教室を運営し続けていく。他の誰にもできない役割を担うことは、責任も大きいが、やりがいはそれ以上に大きいと「そろばん先生」たちは実感するそうだ。

「そろばん先生」にできること②――地域活性化の拠点施設

地域の中で重要な役割を担う。そろばん教室は、児童教育の場に止まらず、さらに幅広い人びとが関わる地域の拠点施設へと発展する可能性を持っていると石戸先生は考えている。

「『いしど式』のそろばん学習では、子どもがそろばんをやる、だけではありません。親御さんにもその教育の中身を理解し、一人ひとりの子どもの成長の現在と目標を共有してもらい、教室の中だけでなく、家庭でも自習をサポートできるようにしていただいています。

地域の大人たちに理解され、応援されて成り立つのがそろばん教室です。学校説明会はもちろん、イベント、大人向けのそろばん体験の機会も数多く設けています。

子どもたちを中心に、その家庭、その地域、さまざまな世代がそろばん教室を介してコミュニケーションを図る。そろばん教室が地域のコミュニケーションセンターになることも可能だと考えています」

そろばん先生になりたい——それは、個人のライフプランとしてスタートを切るが、そのゴールは、個人的な人生の充実だけではない。子どもたちの自信を育み、夢を実現させ、親子の関係性を深め、地域の人びとの参加と活性化の起点となる場所を生み出す可能性を持っている。

「必要とされ、ずっと続いていく。それが私の考える『いしど式』そろばん教室の姿です。それなのに数はまだまだ少ない。一方で、高齢者の職場や生涯教育の場がどんどん必要とされています。そうした点でもそろばん教室へのニーズはまだまだ大きくなって行くでしょう」

「そろばん先生」が必要とされる理由は、1つではなかったのだ。

お子さんがそろばん教室に通って良かったことは何ですか？

大好きなもの、熱中できるものと出会えました。

小学校に入学し、教室の机に座っていられるようになることや、継続することの大切さを学んでほしいと思っていました。娘にとっては、初めての習い事なので、最初は１時間も集中できるのか不安でした。でも、教室が終わった後、娘からは「そろばん楽しかったよ！」「先生大好き！」という言葉が聞けました。

今では、教室に行く前から「早くそろばんがしたい！」「早く先生に会いたい！」と、とても嬉しそうです。大好きなもの、熱中できるものができ、最初の習い事がそろばんで良かったと感じています。

リサさん（栃木県「夢限珠算塾」）

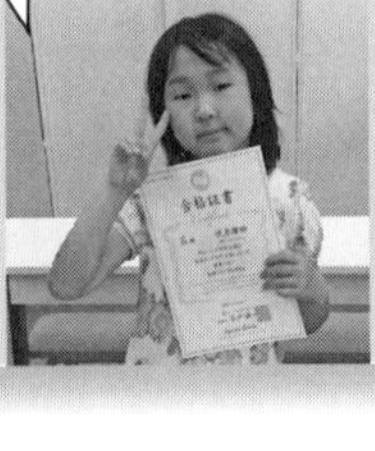

第3章

「そろばん先生」は何を教えているのか？

1 「そろばん先生」は、児童教育の理想

「モンテッソーリ教育」との共通点

前章では、「いしど式」そろばん学習を取り入れることで、日本各地や海外で「そろばん先生」が続々と誕生している事例を詳しく紹介してきた。ここで、「いしど式」の誕生の経緯を改めて振り返り、「そろばん先生」が児童教育、能力開発になぜ有益な指導が可能なのかを探ってみよう。すでに見てきたように、「いしど式」そろばん学習は、石戸謙一先生が、自身のそろばん学習や指導の経験から従来の課題を洗い出し、現在の多様化する児童教育のニーズに適合させた教育理論がベースになっている。

当初は、石戸先生による直接の指導を受け、現場でノウハウを体得した人が「そろばん先生」になっていった。それがマニュアル化され、育成プログラムとして確立することで、より多くの「そろばん先生」が誕生するようになった。その土台を整備したのが、現在の石戸珠算学園の沼田紀代美代表（以下、沼田先生）だ。

沼田先生は、短大の幼児教育学科を卒業後、重度障害者施設や幼稚園に勤務。理論と実践を重ねる中で、沼田先生が関心を深めていったのが「モンテッソーリ教育」だった。どういう教育かを沼田先生にうかがった。

「要点だけを言えば、子どもを集団的な教育ではなく、一人ひとりに個別で自由な環境を整えて、その中で自発的に現れる能力や知的好奇心を伸ばすものです。

学校教育の現場は、1学年ごとに指導内容が決められ、いつ・何を・どこまでと設定された学習を一斉に全員で学びます。しかし、4月生まれと3月生まれでは1年間も差があり、幼児にとってはとても大きな差です。

また、個人差は成長だけでなく、得意不得意や興味の度合いでも違ってきます。1回でできる子もいれば、今は興味がなくできないけど、時間が経てば同様にできるようになるものです。しかし、〝一斉にやる〟ことで〝できる子〟と〝できない子〟を作ってしまう。そして、〝できない子〟は手間がかかる、時間がかかる、〝できる子〟を待たせてしまう、などの理由でいつしか〝ダメな子〟と自分自身が思ってしまうのです。

私は、児童教育を生涯の仕事にしたい、それは『モンテッソーリ教育』でなければと考えていました」

結婚後、千葉県に引っ越した沼田先生は、地域に「モンテッソーリ教育」を実践する教育施設がなかったことから、しばらくは専業主婦として過ごしていた。ある日、ポストに石戸珠算学園のチラシが投函された。

「そろばん教室の生徒募集かな、と思ったら違っていました。珠算教師資格や先生の育成制度の案内だったのです。そろばんは、自分には関係ないな、と思ったのですが、そこに書かれていた教育への考え方に驚きました」

そこには、指導は子ども一人ひとりへの個別対応で興味を引き出し、段階をステップアップしていくという説明が書かれていた。沼田先生は、直感でそれは「モンテッソーリ教育」につながる内容だと感じたという。それから半年後、再度、同様のチラシを手にした沼田先生は、もっと詳しく指導内容を知りたいと思い、石戸先生のもとを訪ねた。

「話をうかがい、実際に教室での指導内容を見て驚きました。私が望んでいた児童教育の指導環境が体現されたような場所でした。ここで働きたい、ここで先生として子どもたちに接したいと思いました」

沼田紀代美先生

学習の吸収力を高めるそろばん

石戸珠算学園に入社した沼田先生は、午前中は経理の事務を担当し、午後はそろばん教室で指導ノウハウを学んだ。当時は、ＯＪＴ（オン・ザ・ジョブ・トレーニング＝職場で実際に実務をしながら行う従業員トレーニング）の中で、石戸先生からマンツーマンで指導方法を教わりながら、「そろばん先生」のノウハウを身に付けていったそうだ。

「まだ明文化されたノウハウはなかったんです。石戸先生の教え方をそのまま身に付けて教える。私は、高校で簿記資格取得のためにそろばんを習いましたが、自分が他人に教えるのは初めてでした。そろばん指導に先入観がない分、見たまま、教わるままに石戸先生の指導を身に付けていく過程で、現在、『いしど式』と呼んでいる、そろばん学習と能力開発の関係がスッと理解できたと思います」

その点を、沼田先生は「モンテッソーリ教育」の理論も交えながら解説してくれた。

「子どもの成長は、ＤＮＡにもともと組み込まれた通りに進みます。１歳頃には歩き始めますが、その前段階ではハイハイをする、手で何かをつかむといったさまざまな身体機能の発達過程を通ります。それは脳の機能の発達と密接に関係していて、歩けるようになるのです。学習能力の発達も同様で前段階が必要なのです。

たとえば、ＩＴが進化普及して、ノートパッドの画面で積み木を重ねたとしても、そのことで人の感覚や能力は育ちません。指を使う、目で見る、それらを脳神経に伝え、脳がそれに応じて手足の筋肉を動かしていく。幼児教育においては、それらの関連性が重要です。そろばん学習は、その点においてとてもいい。さらに、そこに幼児の能力開発の視点が見事にプラスされていたのが、石戸先生の教え方でした」

高校生のときに簿記資格取得のためにそろばんを習い始めた沼田先生自身も、そろばんと脳の能力開発の関係性を体感していた。実は、簿記資格取得の勉強は、電卓でもできたのだが、当時の先生がそろばんを勧めたのだ。

「言われるがまま、そろばんを使い始めると、集中力のスイッチの入れ方が身に付いた気がしました。短時間の勉強の効率が良く、脳の吸収力も高まっているように感じました。当時はただ不思議だな、と思い、そろばんも簿記資格を取得するとほとんど使う機会はありませんでした。その後に児童教育を学ぶ過程でも思い出すことはありませんでしたが、巡り巡って、自分のやりたいこととして『そろばん先生』にたどり着いたのです」

「いしど式」そろばん学習をマニュアル化

「そろばん先生」として自身の理想の児童教育の現場に立った沼田先生は、新たな役目を担った。引っ越した生徒や、遠隔地・海外在住の人から石戸珠算学園のそろばん指導を受けたいという人が増加。そこで、インターネットを介したそろばん学習の「ｅラーニング（情報技術を用いて行う学習）」のシステムを独自に構築する責任者に抜擢されたのだ。

「これは私にとって幸運でした。石戸先生からの直接指導で身に付いていたとはいえ、自分がそれを1から10まで理論として説明できたわけではありません。『ｅラーニング』でそろばんを学べるようにするには、そのノウハウをすべてテキスト化し、誰もが読んで理解できるものにする必要があります。

約半年間をかけて、石戸先生の指導方法を整理し、不明点を直接質問して膨大な資料を積み重ねました。改めて整理すると、子どもへの声かけ1つでも段階に応じた変化とその理由が明確になり、その深さと全体像の広さを感じました。児童教育や習い事の場は数多くありますが、これほど深みを持った環境は少ないと思います。多くは長年の慣習でやっていることも多いのです。たとえば、幼稚園である時期にお遊戯会をやるというのは、例年のくり返し、全体の予定の1つだからです。しかし、主となるべきは、園の慣例ではなく、一人ひとりの子どもの発達に合わせた個別の対応のはずです」

eラーニングは、2000年に運用開始。同時期に「脳科学」への関心の高まりや、「脳力」トレーニングのゲームがブームになるなど、脳の機能に注目が集まった。当初、3歳児からの脳力開発の需要を予想していたeラーニングだが、3割は大人の利用が占めたという。

そして、ゆとり教育、大学生の学力低下、基礎学力の大切さが再検証されるようになると、「そろばんがあった」と思い出す人が増えていった。その人たちが、探し求めたどり着いたのは、まったく新しい学習手段となった「いしど式」そろばん学習だったのだ。

「任せてください」と言わない教育

「いしど式」そろばん教育における「そろばん先生」の役割は何か、という問いに、沼田先生は「親と子と先生の3つの力の1つだということ。私たちはけして〝すべて任せてください〟とは、親御さんに言いません」と答えた。

「顧客獲得を考えれば、キャッチフレーズは〝お任せください〟がいちばん響くと思います。しかし、たとえば3歳児から始めるときは、原則として親御さんにも一緒に教室に座ってもらうようにお願いしています」

通常、塾や習い事に子どもを預けたら、後はすべてその場の先生がやってくれると誰もが思うものだ。小学校、中学校でさえ、同様に考える親が大半だろう。しかし、石戸珠算学園では「そろばん教育とは何か」ということを、親も一緒に教わってもらうところから始める。

3歳児が初めてそろばんの珠をはじく横で、親たちは「そろばん先生」がそろばんをどう教えるのかを見聞きする。それはもちろん、家で子どもがそろばんの練習をするときに、親がサポートできるメリットがある。しかし、いちばんの目的はそこではないと沼田先生は言う。

「中には、週に1回、1時間の学習時間しか通えない生徒もいます。ですから、自宅でも練習は重ねてほしいのは確かです。そのときに、そろばんの使い方という技術的な知識だけでなく『そろばん先生』の教え方も共有してもらうのが最大の狙いです。

教室で一緒に子どもの学習を見ていると、親御さんもついつい声や手が出てしまうものです。そのときに、『そこは手を出さないで』『その間違いは叱らなくていいんですよ』『くり返しやってできたときはほめてあげてください。ここが大事なんですよ』などということを伝えています」

実際に教室では、まるで子育ての講習会のように「そろばん先生」が小さな子どもと母親に寄り添って声かけやサポートの指導をくり返し行うそうだ。母親にとっては、自分の子どもの例しか知らないので、最初は、はたしてそろばんができているのかできていないのか、学習のペースがどの程度なのかもわからないことが大きな不安だ。しかし、「そろばん先生」はたくさんの子どもたちを見てきている。「お母さん、この子は今はここ。この子にとっての今を見守りましょう」という「そろばん先生」のアドバイスは、親たちにとって新鮮な驚きでもある。

「今は、子育て情報があふれていますが、そのせいで他人との比較をしてしまい不安がいっぱいです。でもそれは、先に話した集団教育と同じ弊害です。他人と比べたら不安なことも、その子の今現在をしっかり見ることができれば、小さな一歩がすごい進歩なんです。自分の子どものその瞬間をしっかり見届ける。そうした経験は、親御さんの子育ての自信に、その瞬間の共有は、親子の信頼につながります」

教育は机上の空論ではなく、一人ひとりの子どもの〝今〟をしっかりと見極め、先生と子、親と子、先生と親との協力の中で必要なサポートと評価を提供していく。だから「そろばん先生」は、「任せてください」とは言わないのだ。『いしど式』は、40年間に及ぶ膨大な実践と実績の中から少しずつ改善されてきた、今現在の最良の指導方法だと沼田先生は言う。

「そろばん学習という1つのことだけを深く深く探求してきました。子どもが100人いれば100通りの教え方ができる。3歳の子でスタートできる。それが本当の個別指導なのです」

小学校入学前に自己肯定感が身に付く

3歳でそろばんを始めた子どもの親が、いつまで一緒に教室にいるかは決まっていない。これも、子どもの状態を見極めて「そろばん先生」が判断する。同席しない状況を作って様子を観察し、「親離れ」のタイミングを見極めるそうだ。教室での同席がなくなっても、「そろばん先生」は、親との連絡を欠かさない。

「送り迎え時の挨拶や連絡帳、最近ではメールなども使って、子どもの学習の進展具合を共有するようにします。教室では先生が『この間、30点だったのが、今日は40点取れたじゃないか。すごいぞ！』とほめたのに、家に帰ってお母さんに『なんでまた40点しか取れないの』と真逆なことを言われたら、子どもも困りますよね。ですから、子どもの〝今〟をずっと伝え続けて、どんな応援をして欲しいかを共有します。ずっと〝お任せ〟になることはありません」

この子どもの〝今〟の共有は、親たちからも好評だ。詳しい事例は、次章で紹介するが、子どもの成長を共有できる、一緒に子どもの方を向いている「そろばん先生」の存在は、子育て中の親にとっては心強い存在でもあるようだ。

では、「そろばん先生」は、1人ひとりの子どもたちの何を見極めながら指導をしているのだろうか？　子どもの脳力の発達の度合いを見極めながら、次の目標を設定してチャレンジと成功を経験させていくのが「いしど式」の特徴だという点は何度も見てきた。その目的地は、何かを沼田先生に聞いてみた。

「チャレンジし、乗り越えていく。できるようになることが楽しくなる。親や先生に見守られながら、学ぶ楽しさ、成長する楽しさを知り、自ら前に進む力を身に付ける。これは内面で『自己肯定感』が高まっていく過程です。この自己肯定感が身に付くと、次は、自分がどれだけできるのか確かめたくなり、その確認手段として他人との競争心が芽生えます。

人に競争しなさい、いい点を取りなさいと言われてするのではなく、自分から自然とチャレンジ精神が湧いてくる。教室には級や段ごとの名札が掲示されていますが、とくに上を目指せというようなことは言いません。でも、毎回、それを目にするうちに、自分と他人の比較、位置の違い、実力の差に気付きます。そして追いつきたい、競いたいと思ったら、検定試験や競技大会に参加し、確かめる方法も用意されています。それは自分で選ぶもので、その結果にはうれしさも悔しさも伴います。

結果を出すのは難しい。でもくり返し努力をすれば結果が伴うことも経験で知っている。そのくり返しをがんばれるだけの自己肯定感を、多くの子どもが小学校入学前に身に付けることができるのです」

この自己肯定感が身に付いているかいないかで、小学校入学直後のスタートダッシュが大きく違うと、多くの子どもたちを見てきた沼田先生は実感している。

小学校に入学した子どもが、学校の授業に集中できない、宿題に取り組む習慣が身に付かない、「うちの子は大丈夫かしら……」と先行きを不安に思い悩む親は多い。

「そうした不安を『やればできる』という期待で打ち消す親御さんは多いと思います。でも、やったことがないことは、できるできない以前になかなかやらないものなのです。結局、どんどん後回しになり、中途半端なまま時間が過ぎ、後になればなるほど〝やる〟ことが大変になってしまいます。

でも、幼児期からのそろばん学習を通じて、子どもたちは自己肯定感を身に付けるのと同時に『やればできる』を経験済みです。しかもその過程で『やれば失敗もある』『やらなければ

幼児期からのそろばん学習を通じて、子どもたちは自己肯定感を身に付けるのと同時に「やればできる」を「そろばん先生」と一緒に経験していく
（神奈川県の「パチパチそろばん速算スクール」にて）

先に進まない』なども理解します。そして、集中してやれば物事は早く片付くことを、経験上知っています。そのため、授業をちゃんと受けられますし、宿題も自分から進んでやる。幼児期から通っている親御さんからは、小学校に入学してからも、喜びや感謝、安心の声を多数寄せられます」

教室に通う子どもたちは、少し大人っぽいそうだ。それは、教室でのマナーや他人の学習を邪魔しないといったしつけが行き届いているというだけでなく、「やればできる」を自覚できているから自分で自分を自己管理できているからではと沼田先生は分析している。

2 「そろばん先生」は生涯教育の担い手

そろばん学習は何歳からでも始められる

前項の事例を見ると、そろばん学習は、小学校入学前、3歳の頃から始めることが最適に見える。その点を沼田先生に確認すると、幼児期の能力開発や小学校入学前の準備として効果的なので推奨しているが、石戸珠算学園の教室では、小中学生になってから始める子ども、大人の入学希望者も多いという。

「以前、そろばんを習ったことがある親御さんは、子どもが楽しそうにそろばんをやっているのを見て〝あれ？　自分の頃と違うぞ〟とまず思い、どんどん上達するのに驚き、改めてそろばんに関心を持って習い始める方も多い。また、そろばん未経験でも幼児期の付き添いで興味を持ち、付き添いが不要になった後、自分も習い始める親御さんは増えています」

最近では、子どもを介して教室を知るだけでなく、自分の課題解決の手段を探してそろばん教室にたどり着く社会人も増えているという。

レジャーカジノのディーラーが、暗算力を高めるために。大学で高度な数学の研究に携わっている人が、幼稚園生の隣の机で「ステップ」の教材から。定年後の時間を有効に活用したい高齢者が改めて……。石戸珠算学園の教室では、さまざまな世代が机を並べて、それぞれの思いの実現のためにそろばんに向き合う姿を見ることができる。

前章で、「そろばん先生」は、サブビジネスやセカンドライフの職業として成立する人生選択でもあると紹介した。そろばん教室が一度減少していることもあり、今現在は希少性も高い。しかし、少子化が進む中、はたして「そろばん先生」のニーズにも限界はあるのではないかという疑問もあった。しかし、そろばん学習のニーズは、幼児期だけでなく、人生のさまざまなタイミングで必要とされ始めている。

そろばん学習は生涯学習となり、「そろばん先生」はその担い手となりうるのだ。

そろばん学習で「自分の尺度」を作る

考えてみれば、集中力、自己肯定、「やればできる」を知る自己管理能力は、幼児期に身に付けば良いに越したことはないが、いずれも大人自身が欲してやまないものばかりだ。

沼田先生がそろばん学習の効果として挙げているのは、その生徒が高校生になってからも続く、勉強への集中力と理解力である。しかし、それだけではない。そろばんの学習効果は生活全般に及ぶという。

「一般的な勉強は、多くの知識をため込むことで、その分野の対応力を高めるものです。数式理解から論理的思考、文学の理解から情緒的な言葉使いなどの広がりはありますが、専門知識の汎用的な活用の幅は限られています。

しかし、そろばん学習の効果は、人の能力の基本的な土台を鍛えるものなので、活用の広がりがとても大きいのが特徴です。生活全般に幅広く影響し、生涯のさまざまなシーンでやっていて良かったと感じることができます。いつから始めても、誰が学んでもそれを感じることができるでしょう」

生徒が教室をやめるときに、その親から手紙をもらうことが多いそうだ。そこには、学習能力の土台ができたことへの感謝だけでなく、生活の基盤が整えられたことを実感し、そろばんを習わせて良かったという言葉もあるという。

「生活の基盤というのは、時間の概念を養うことだと私は考えています。先ほど説明した『やればできる』は経験しないと自覚できません。親の『早くやりなさい』と子どもの『後でやるよ』には、時間の概念に共通性がなく、いつまでも噛み合いません。『早く』は効率を求めています。そして実は『後で』にも本人なりの効率的にやればできるという前提があるんです。同じ効率化なのになぜ噛み合わないのか。それはその人が何をやれば何分かかるか、『やればできる』の内容が不明だからです。

そろばん学習は、決められた時間の中で何問解くという作業をくり返します。誰かが速い、自分が遅いという比較ではなく、自分が今はどれくらいかを知り、次にどれくらい速くなりたいかを目標にする。その中で自然と時間の概念が把握できます。そして『自分の尺度』ができるのです」

「自分の尺度」があれば、「早くやりなさい」に対し、「そうか。宿題は20分かかるから、見たいテレビの放送までに終わらせるには5分後には始めないと」ということがわかり、「後で」ではなく行動に移せるようになる。そうした判断が生活全般において可能になる。これは、大人でも反省する点が多いことではないだろうか。

「そろばん教室に通う子どもたちを見ていて、とくにすばらしいなと思うことがあります。それは〝時間がない〟という子がいないことです。そろばん教室に通う、家でも練習をして実力をぐんぐん伸ばす、そうした〝できる子〟ほど、他に習い事もしている、ゲームやテレビの話題も豊富、いろいろなことが〝できる〟のです。

親御さんの話を聞くと、塾があるから他のことはできない、でも塾に行くことで安心して宿題も進まない、家の手伝いもしない、〝○○をしなければいけないから、○○はできない〟が口癖だったけど、そろばんを習い始めて変わったという話を聞きます。それは、時間の概念が未発達で、時間がないのではなく時間の使い方が散漫で効率的ではなかったのだと考えられます。逆にそろばんを習っていた子どもが、中学受験のために塾に通うようになると、学習の効率がいいとほめられるようです。同じ1時間でも使い方が違うと」

沼田先生の思い出に残る生徒がいる。幼児期にそろばんを始め、大学生になっても通い続けた。とても優秀で、そろばん大会でも全国上位。大学の勉強も熱心で、2か月に1回も来られないことも増えた。さすがに月謝がもったいないので、そろそろ教室はやめた方がいいと提案すると、その生徒は続けたいと言って泣いた。

「そろばんとの関わりが生活の一部、『そろばん先生』との関わりが家族同様に濃い。そろばん学習というものが、それくらい人生に深く関わるものだということを改めて知り、私自身が感謝しました。生涯教育の『生涯』とは、習う側にも教える側にも同じ意味を持つのだと思います」

そろばん教室では、さまざまな年齢の子ども、そして大人が一緒に学ぶ

3 「そろばん先生」はひとりで教えるのではない

「そろばん先生」に必要なマネジメント能力

前章で見たように、そろばん教室は、教える場所さえ確保できれば低コストで開業可能だ。ただどのようなビジネスでも、開業後の継続が課題。「生涯」の仕事と見据えることは、誰にとっても可能なのだろうか？　ビジネスとしてのそろばん教室の運営について、現実的な側面も沼田先生にうかがった。

「石戸珠算学園の直営校の他に、加盟校は150教室を超えています（2016年6月現在）。個人で始めた方も多いのですが、ほとんどが1年で黒字の経営を実現しています。

理由は明白で、教室開業に当たっては、事前に珠算教師資格を取った『そろばん先生』の存在が絶対条件です。これは時間と受講費用がかかりますが、起業者本人が『そろばん先生』となる前提なら、費用と学習時間の投資、開業後の人件費はすべて本人分なので、最小コストでスタートできます。生徒数に応じて1人から2人の補助スタッフが必要ですが、これは『そろばん先生』自身が基礎的なポイントを指導すれば十分に対応可能です。1回1時間の教室を1日4回、週3日、生徒数100人くらいが運営を安定させる目安と考えています」

生徒数の確保には、人口の過密な都市部ほど良いのは当然だが、「いしど式」そろばん教室の場合、他にそろばん教室が競合していなければ、半径500mから1km圏内にある小学校の児童数が800人程度が目安だという。だが、指導内容の独自性が「遠くからでも通いたい」という付加価値を持つので、アクセス方法があればより広範囲のエリアを対象にした想定も可能なのだそうだ。

「経営面での予測や運営面での日々の判断は、なかなか個人では難しいもの。しかし、『いしど式』ではグループに参加している教室には、そうした面でも相談に応じ、アドバイスを行っています。とくに教室を設置する場所に関しては、審査制度を設けてていねいに運営可能な場所かどうかを調べてから許可を出しています。

そうした点を厳しくチェックするのは、教育・指導内容も正しく『いしど式』を広めるものでなければなりませんが、ずっとその地域の教育拠点として生涯学習の実践をし続けていただきたいという思いも強くあるからです。それには『そろばん先生』としての熱意はもちろん大切ですが、経営者として、地域の教育者としてのマネジメント能力も身に付けてもらわないといけないからです」

「そろばん先生」も成長を続ける

「そろばん先生」を増やす。「いしど式」の品質を守る。この2つを両立させるため、「そろばん先生」と石戸珠算学園は、日々、密なコミュニケーションを取っている。とくに毎月行われる研修会は重要だという。

各地から集まる「そろばん先生」からの経営面、指導面での悩みを聞き、アドバイスをする他に、先生同士で成功した実践例の共有も計られる。そこで出される悩みの7割は指導法に関する相談だ。

「こればかりは経営が軌道に乗っても減ることはありません。むしろ生徒の数に比例して増えるのが必然です。個別指導ですから、100人いれば100通りの指導が必要です。マニュアルでは、Aのときはこう、Bのときはこうと細かく指導方法が確立していますが、現場では、A1もあればA2もある。そしてA3・A4・A5……と、選択肢は生徒の人数分必要です。

なかなか〝できない子〟にはどう対応するべきか、逆にどんどん〝できる子〟には何をしてあげればいいか。1年間に十数回の研修がありますが、そのたびにどの先生も新たな悩みを抱えてきます。それは常に課題を乗り越えて、新たな課題に挑んでいる証です。そのチャレンジによって『そろばん先生』もまた日々成長しているのです」

そろばん学習を介して、子どもたちと、さまざまな人と、地域と、生涯関わっていける仕事が「そろばん先生」といえるだろう。それは1人でスタートしたとしても、全国にいる「そろばん先生」と「いしど式」を日々進化させている石戸先生や沼田先生たちのサポートと共にある。次章では、実際に「いしど式」そろばん教室に通う子どもと親から見た、そろばん教室と「そろばん先生」の実態について見てみよう。

お子さんがそろばん教室に通って良かったことは何ですか?

地道に何かに取り組めるようになりました。

スポーツに特化した幼稚園だったので、体を動かすことは得意。でも、座ってじっと何かに取り組むということにも慣れさせたいと思い、年長さんから通わせました。初めのうちは集中力も続きませんでしたが、だんだんと自分なりに楽しみを見いだせるようになり、すると学習進度が向上。

その頃から本好きに拍車がかかり、黙々と一人読書をすることが多くなってきました。そろばんを通じて、集中して何かに取り組む姿勢が身に付いたと実感しています。

ソウタくん（東京都「フォルスそろばん教室」）

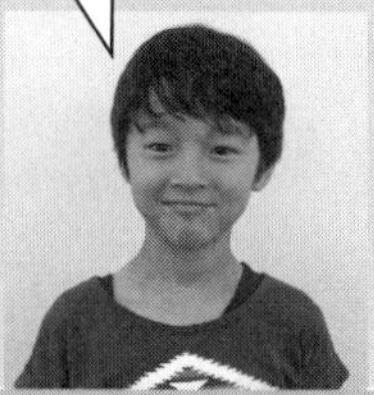

第4章

子どもたちはそろばん学習から何を身に付けるのか？

1 そろばん学習から得られるもの

1章、2章、3章と、「そろばん先生」とは何か、という視点から、現在、児童教育の現場でそろばん学習がどのような可能性を持ち、どのように広がっているのかを見てきた。

教育は小学校入学を機にいきなりスタートするのではなく、1学年ごとに横並びのゴールが可能なものでもない。一人ひとりの子どもの成長と関心に合った目標を早くから設定し、その子の速度で一歩ずつ進める環境が大切であり、そろばん学習の再評価は、集団的教育環境としての学校教育が見失ってきたものを取り戻そうとするニーズの中で高まっている。そろばんは、大人になった後も必要とされる生涯学習としての可能性を持つことなどがわかった。

では、実際にそろばん教室に通う子どもたちは、そこでどのように成長しているのだろうか。一人ひとりに合った個別学習の内側を、今度は子どもたちの目線から見ていくことにしよう。

取材に応じてくれたのは、全国の石戸珠算学園の直営教室やグループ教室に通う生徒やその保護者の方々だ。「いしど式」そろばん学習の特徴は、前章でも見たように親の関わりが大きい点だ。「そろばん先生」と子ども、そして親とが、1つの目標を共有し、その進展具合を一緒に喜ぶ環境を重視している。

そう聞かされれば、一見、当たり前のことのような気がする。しかし、小学校や中学校で、今現在、自分の子どもが何を教わっているのかを逐一把握している親ははたしているのだろうか？　さらに、その内容をどの程度、自分の子どもが理解しているのかを把握することはほとんど不可能ではないだろうか？　定期テストの点数を見てそれだけを結果とし、言える言葉は「次回はがんばって」ぐらいではないだろうか……。

それに比べると、子どもが10点アップするために、1級アップするために、何をどれだけ努力したかを親子で共有できるということが、どれだけの価値を持つかがわかってくる。

また、親から見た子どもの変化はそろばんの実力だけではなく、性格面にも現れるようだ。実際、次のような意見が多い。

・落ち着きのない子が集中できるようになった。
・消極的な子が積極的になった。
・自分に自信を持って取り組めるようになった。

こうした内面の変化も、なかなか把握することは難しいものだ。子ども自身が得るものだけでなく、親たちもまたそろばん学習から多くのものが得られるようだ。

2 苦手だった算数の計算が自信を持って「得意」と言えるように

千葉県大網白里市の「石戸珠算学園 おおあみ中央教室」に通うミクさんは、小学校に入学以来、算数が苦手だった。1年生のときは、足し算をするのに指を使って計算し、引き算になると計算に時間がかかった。宿題も文章問題を数字の式に置き換える方法がわからず、毎日、母親に聞いていたという。

「女の子4人、男の子1人の5人姉弟の真ん中。ピアノや水泳など習い事は熱心で、3年生からは、ずっとやりたかったサッカーにも夢中。子どもはそれぞれ個性や得意を伸ばしてくれたら、と考えていたので、この子は算数が苦手なんだなあ、としか考えていませんでした」(母親)

しかし、ミクさん自身は、「算数が嫌い」なわけではなく、「計算が遅い」ことが算数が〝できない〟原因の1つと考えていた。

「2歳下の弟が、幼稚園の年中からそろばんをやっていました。どんどん計算が速くなるのを見て、私もそろばんをやったら計算が速くなれると思い、そろばん教室に通いたいとお願いしたんです」(ミクさん)

「長男は小さいときから数字が好きだったので、その個性を伸ばせたらとそろばん教室に通わ

「そろばんで計算に自信が持てると、ほかの勉強や、大好きなサッカーでも積極的になれました」（ミクさん）

せました。ミクは、算数が苦手な子、だから興味もないだろう、と。本人から『そろばん教室に行きたい』と言われるまで考えもしませんでした」（母親）

4年生の3学期からと遅いスタート、母親は、早々に挫折しないかと心配したという。ところが、「石戸珠算学園　おおあみ中央教室」に通い始めると、2か月で最初の目標だった9級に合格した。自信を付けたミクさんは「小学校卒業までに3級を合格する」という目標を立てた。

週3日、1日2時間のフリーコースでそろばん教室に通う一方で、土日は大好きなサッカー、平日も小学校の陸上部で活動し、自宅でそろばんを練習する時間はなかった。その分、そろばん教室は休むことなく通い、その時間を集中して活用。

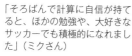

7月には3級合格と、早々に目標を達成した。その後も、9月に2級、なんと5年生の3月には1級にすべて1回で合格し、周囲を驚かせた。「石戸珠算学園 おおあみ中央教室」の田宮先生はこう分析する。

「スポーツ好きなミクさんは、負けず嫌いな性格。そこには素直さもあり、基本に忠実です。集中力と正確さ、それまでスポーツで発揮されていたミクさんの個性は、実は計算に向いていた。それをそろばん学習によって引き出されたのだと思います」

もちろんそろばんでの能力向上は、小学校の算数の学習にも効果を発揮した。宿題がわからなくて母親に質問することもなくなった。算数のテストも計算が速く正確になることで点数もアップ。「計算ならまかせて」という自信が、算数を苦手から得意へと変え、「かけ算は楽しいから好き」と新しい知識もどんどん吸収していった。小数点でつまずくこともなく、むしろ計算の速さはクラスでも評判となった。

「気付いたら、ミクは算数が得意な子になっていました。同時にそれまで以上にスポーツに取り組む集中力も増し、サッカーの試合でMVPも取るようになりました。もともとの個性、そして新しく発見された個性もそろばん学習によって相乗効果を持ちながら伸びているようです」

（母親）

小学校の入学時から「算数が苦手」だったミクさんは、そろばん学習によって、速く正確な計算力と集中力が身に付くことで、小学校6年生では「算数は得意科目」と言えるようになった。そろばんも初段に合格と、その実力は日々成長している。

２０１６年には、中学生になり、当面の目標は3段合格を目指すことだという。当初、計算は勉強を進めていく上で〝壁〟だった。それを自分の力で突破し自信を身に付けたミクさんは、「次もやってみよう。それができたら、その次もやってみよう」と自然と思うようになったそうだ。そんなミクさんを母親も頼もしく感じている。

「子どもに苦手があっても、他に得意があればそれで補えると安心していました。しかし、基礎学力につまずきがあるのなら、基本的な何かを伸ばせずにいるのかもしれない。そのことにミク自身が気付き、チャレンジしてくれました。今も、日々〝次へ、次へ〟と何かに向かっていく気持ちが生まれてくるのか、自分で決めた目標を目指して努力しています」（母親）

つまずきや壁は、大人になってもあるもの。そろばん学習でそれを自ら乗り越えた経験が、中学校生活、これからの人生にも大きな力となるに違いない。

3 自分に向き合う集中力とライバルと競い合う向上心が持てた

東京都江戸川区のシオリさんは、保育園年中の頃からそろばん教室に通っている。以前は、母親がかんたんな計算を教えようとしても、すぐに投げ出してしまう子どもだったという。

「新しいこと、やったことがないことに対して、すぐに〝できない〟と自分で決めてしまい、やる前からあきらめてしまう感じでした。関心を持って何かを始めても、ちょっと上手くいかないと落ち込んだり、ぐずったり、手が付けられなくなり、保育園でも同様なことが多いといわれていたんです。このまま小学校に入ったらシオリが苦労すると思い、幼児教育の評判を耳にしたそろばん教室に通わせることにしました」(母親)

教室に通うようになったシオリさんは、それまでの保育園とは違う様子に刺激を受けたようだ。自分の課題に取り組む子どもたち。それはやりなさいと言われてやっているのではなく、嫌だ、ダメだと投げ出すのでもなく、1つのことにがんばっている姿を見て何かがわかった。

「ある日、シオリが〝私ももっとがんばらないとダメなんだね！　私、できるところまでがんばる！〟と言ったんです。年中さんなのに、と私の方が驚いてしまいました」(母親)

以来、朝起きると「今日はかけ算の3の段までがんばる！」と自分で目標を決めて練習に取り組むようになったそうだ。集中力が日に日に身に付いているのを感じ始めた頃、保育園の先生に「集中力が付きましたね」と感心されたという。園での活動でも集中力と積極性、続ける忍耐力が発揮されていたのだ。小学校入学前までに、と母親が期待していた目標に達したわけだが、シオリさんの成長はそこで止まらなかった。

「下の子を妊娠してしばらく教室に通えない間に、新しく入った子がどんどん実力を付けてきたようで、遅れをとったシオリは〝私、もうダメだ……〟と言ったんです。ああ、また投げだしちゃうのかな、と思ったのですが、逆にその子をライバルと意識して、がんばり始めたんです。間違えても何度もやり直し、クリアしたときには、自信にあふれた表情でした」（母親）

シオリさんは、「小学校に入学するまでに9級を取る」と自分で決めた。母親は、娘の成長に日々驚く毎日だという。

「そろばん教室でほかの子の姿を見て、私もがんばらなくちゃと思えました」（シオリさん）

4 飽きっぽかった子が「そろばん先生」の声かけで続ける価値を知った

千葉県我孫子《あびこ》市のハッツナさんが、そろばん教室に通い始めたのは年長になってから。小学校入学までに基礎的な計算能力を身に付けさせたいという思いからだったが、小さな頃から飽きっぽい性格だったため、続けられるのか不安だったと母親は振り返る。

「パズルをさせてもすぐに飽きて〝お母さん、やって〟、絵本も集中力が続かなくて最後まで読めない、どんなことも10分以上続けることができませんでした。教室に通うようになっても行き渋り、最初はたいへんでした」（母親）

そんなハッツナさんが、小学校入学後もそろばん教室に通い続けられる理由は、「そろばん先生」の存在が大きいという。

「先生は、生徒の一人ひとりに声かけをしてくださるのですが、その子の成長を見極めながら一歩先の目標に導く配慮がされていると感じました。ハッツナに対しても、慣れない最初の頃は小さなことでもほめてほめて、ちょっとずつやる気を育ててくれました。そして徐々に、時間の使い方や教室での規律、時には礼儀に関しても厳しく指導することも。ハッツナはやる気にムラのあるタイプなのですが、先生の緩急織り交ぜた叱咤激励で自分のペースを作ることができ

るのか、毎回、1時間の課題にしっかりと向き合えているようです」(母親)

そろばん教室を続けられただけでなく、ハッナさんの日常から〝無理〟〝やめたい〟という言葉も減っていったそうだ。小学校2年生になる頃には、集中力が見違えるほど高まり、時間があれば、読書に夢中になっているという。

「決して要領よくめきめきと上達するタイプではないと思うのですが、珠算検定も着実に合格できています。賞状を手にしては喜び、そして次の目標ができてまたがんばる。親としては、頼もしい限りです」(母親)

幼児期に「やればできるよ」と言っても、それを子どもが理解するのは難しい。しかし、小さな成功体験を積み重ねた子どもは「やればできるんだ」を自分で知る。ハツナさんもそろばんを「あきらめずに続けられたこと」が大きな自信となっているようだ。

「先生が見守ってくれるので、安心して自分のペースで学べます」(ハツナさん)

5 ネガティブな内向き思考が積極的なチャレンジ精神に変わった

東京都中央区の東日本橋にあるそろばん教室にタイヨウくんが通うようになったのは、教室の看板をたまたま見かけた母親の発案だった。

「小学校に入学し、計算の基礎でつまずかないように何か習わせてみたいと思っていました。タイヨウは、絵を描くとか自分の好きなことはやりますが、やったことがないことや知らないことには食わず嫌いで、やる前から〝きっと無理だよ〟〝できないよ〟とネガティブに思考するタイプでした。今時そろばん？　というのは、親の私でさえ思いましたが、それぐらい意外性にあるものの方が、先入観がない分、始めやすいかと思ったんです」（母親）

他にも習い事を2つしていたが、新しい段階になると「行きたくない」と休むこともあった。しかし、そろばん教室だけは、そうしたことも言わずに皆勤で通ったそうだ。さらに、小学校入学後、学校の宿題に毎回「やりたくない」「めんどうくさい」と言い、だらだらといつまでも終わらなかったのが、親が注意しなくても自分できちんと終わらせるようになったのだ。

「教室で時間を計ってプリントをやる練習をくり返すことで、時間への意識、集中力、自分なりのリズムを持てるようになったのだと思います。親は共働きなのでなかなか家での学習を見てあげる時間が持てないのですが、宿題もそろばんの練習も自分から取り組んでいます。生活のリズムもできてきましたね」（母親）

やる前から〝どうせ無理〟と何事にもネガティブだったタイヨウくんだが、練習でも検定でも毎回点数で結果が出ることで、やったことが目に見える楽しさを知ったようだ。それを「そろばん先生」が激励することで自信となり、「やればできる」という前向き思考が身に付いた。

「そろばんを楽しくやることで勉強にも集中して取り組めるようになりました」（タイヨウくん）

「何より本人が楽しくて続けられることに出合えたことが良かったと思います」（母親）

当初は、教室の友達と競い合うことをモチベーションとしていたタイヨウくんだったが、小学校2年生になると、そろばん学習は自分との戦いだと考えるようになったそうだ。自分の気持ちに負けないように、さらに努力する。目標を持ち、競い合い、自分を高める。そうした前向きなチャレンジ精神が日々育まれている。

6 勉強への自信が持てたので小学校の学習が不安なくスタートできた

千葉県船橋市のそろばん教室に通うミヒロくんの母親は、幼稚園でも落ち着きのない様子が年長になっても変わらないため、何か習い事をさせたいと考えていた。

「忍耐力に欠けるというか、何事にも飽きっぽい子でした。幼稚園でテーマを決めた塗り絵の時間があっても、気付けば違う絵を描いているか、ずっと座っていられずに違うことを始めてしまう……。徐々に改善されるかと思ったのですが、小学校入学が近づき、何か習い事をさせてはと考えました。インターネットでいろいろな幼児教育の教室を探し、ミヒロと一緒にどれがいいか検討しました。そろばんに興味を持ったのは本人です。親は、むしろ、え？　そろばん？　最初は座っているのも無理かなあと思いました」（母親）

最初の「ステップ」の段階では、目に見えた変化は感じなかったそうだ。そろばん教室に通って1年近く経っても1日5問ができない日もあった。

「合わないのかなあとも思いました。でも、ミヒロ自身がやめたいとも言わない。だったらダメもとで通う回数を増やすと、その効果なのか、突然ミヒロから〝わかるようになったよ〟〝かんたんになってきた〟〝楽しい！〟という言葉が出てきたんです。『ステップ』『ジャンプ』

ととんとん拍子で教材を終えると、1日に100問、200問ができるほど上達しました。いったい何が起きたの？　と聞いても、本人は〝楽しいから！〟と言うだけです」（母親）

イメージコントロールは、反復練習の中で指で行う計算のイメージを脳内で描けるようにする学習方法だ。「理解」というより「身に付く」ので、ミヒロくんのできるようになったから〝楽しい〟という言葉にそれが表れている。その頃から、じっとしているのが苦手だったミヒロくんも、家で座って本を読むようになったそうだ。

「小学校に入学後は、算数の授業も〝わかる〟からスタートできたので楽しいようです。勉強への苦手意識を持たずにすんだので、初めて習う漢字の学習にもスムーズに取り組めています。これは予想外の効果でした」（母親）

小学校で習う前に割り算も理解し、授業に〝楽しく〟取り組むことができたそうだ。

「そろばんを通じてわかることの楽しさを知りました」（ミヒロくん）

7 「そろばん先生」の接し方が子どもの気持ちを引き締めてくれた

コウキくんは、小学校入学と同時に千葉県我孫子市のそろばん教室に通い始めた。

「家庭生活ではそれほど気にならないのですが、幼稚園に参観に行くとコウキがそわそわしていたんです。1つのこと、自分の役割に集中できず、周りの子が気になってしまい周囲ばかり見ていました。卒園までずっとそうでした」（母親）

家では集団生活に対応したしつけは難しいと考え、小学校の入学を機に習い事を探す中で、そろばん教室ならそうした落ち着きも養われるのではと考えて通うことになった。

「まず体験学習に参加したのですが、やはりあっちこっちを見回してばかりで先生の話は耳に入ってない様子でした。大丈夫かなあ、と不安に思いましたが、教室の他の子どもたちの集中している姿を見て、お願いしますという思いで通うことに決めました」（母親）

小学校の授業参観に行くと、教室ではコウキ君をはじめ子どもたちが椅子をがったんがったんさせながらの授業。担任の「1年生はこんなものです。長い目で見守ってください」という説明に、そんなものかと思ったが、そろばん教室の参観に行って驚いたという。

「そろばん教室では、コウキも他の子と同じように、身じろぎもせずそろばんに集中しているんです。『え？　これが同じコウキなの？』と驚きましたが、さらにそのときの試験で100点満点を取ったんです。しかも、教室の先生は、これが普通ですよと言うのです」（母親）

母親は、そろばん教室の風景を観察すると小学校の教室とのある違いに気が付いた。小学校では、大勢の1年生を相手に「これが現状だから」という雰囲気があったが、そろばん教室では、さまざまな年齢や通う年数も違う子たちが限られた1時間を共有している。「そろばん先生」は、他の子の邪魔になる落ち着きのない子はもちろん、自分の時間もムダにしている集中力のない子には、厳しく注意していたのだ。

「そろばん教室で机に向かうと自然と背筋が伸びます」（コウキくん）

「親が子どもをしつけるのと同じ姿だなと感じました。どちらの声かけにも、子どもたちの表情からピンと気が引き締まっているのがわかりました」（母親）

2年生になり小学校の授業風景は、あまり変わらないが、「この子は大丈夫」と思えるそうだ。

8 友だちに付いていくばかりの子に積極性が見え始めた

リョウタくんが千葉県市川市のそろばん教室に通い始めたのは、年長さんのとき。

「早生まれということもあり、同い年のお友達より気遅れしてしまう面もあったのかと思います。人見知りな性格もあり、保育園でも常にみんなの後ろにいる子でした。おもちゃも残り物でしか遊べなくて。親としては歯がゆい姿ですが、それはそれでしょうがないかなと思っていました」(母親)

そんなとき、上級生のお友達のママに勧められて、計算が得意になってほしいという思いでそろばん教室に通わせ始めた。

「実は、親はそろばん未経験で、何をやっているかさえわかりませんでした。でも楽しそうに通う姿を見て、この子には向いているのだろうと、その程度に思っていました」

ホップからジャンプまでテキストが無理なく上達できるようになっていたり、級の検定が細かく分かれているのもよかったそうだ。そしてリョウタくんが教室でやってきたことについて、日々、「すごいね」「すごいことができるようになったね」と言っていたとのこと。リョウタ君の変化に気が付いたのはその頃だったという。

「人見知りな性格だと思っていたリョウタが、気付くと友だちとの遊びでも自分から積極的に関わっていたんです。思い返すと、ほめられる回数が多かったのも良かったのだと思います。そろばんの級が進んだり、賞状をもらったりするたびに私は"すごいね"と言ってましたが、リョウタは嬉しいだけでなく自信も身に付けていたんですね。それが積極性につながったのだと思います」(母親)

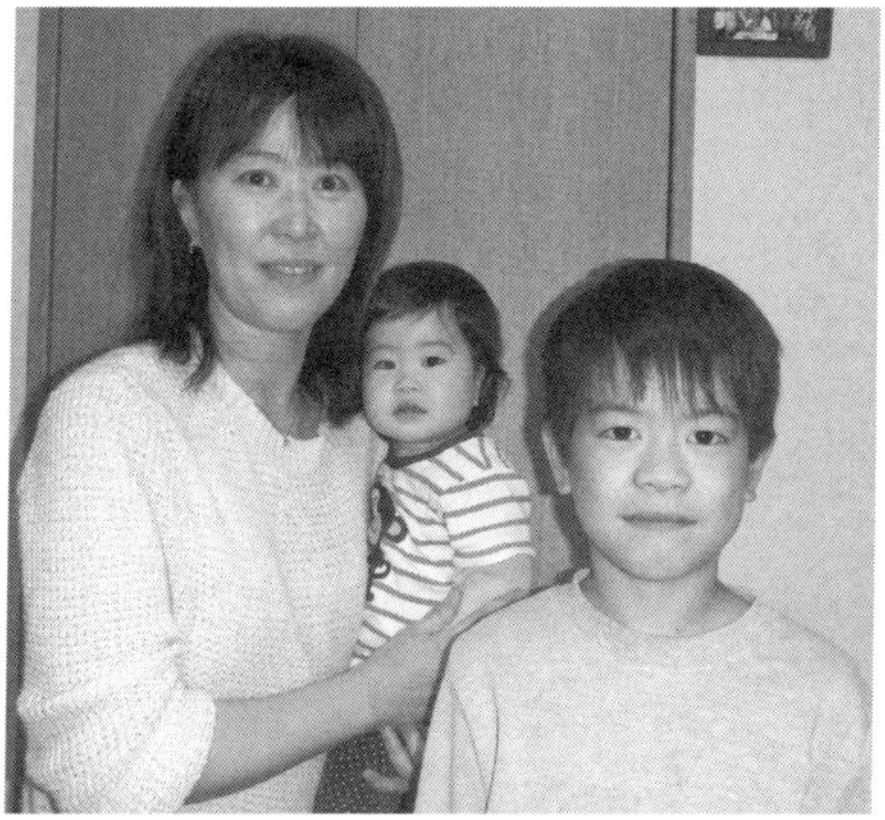
「そろばんは計算の道具としてだけでなく、歴史にも興味があります」(リョウタくん)

その自信の源を、母親は意外なときに知ることになった。リョウタくんが以前から行きたいと言っていた「白井そろばん博物館」でイベントが開催されるので、親子で参加することにしたときのことだ。

「展示してあるそろばんのことについて、リョウタが一生懸命、私に説明してくれたんです。その表情がすごく生き生きとしていて、この子は、本当に夢中になれるものに出会えたんだなと感じました。

子どもが夢中になるそろばんの魅力。それを知ったことで応援する気持ちが高まったという。

お子さんがそろばん教室に通って良かったことは何ですか?

得意、不得意が早くにわかるので、子育ても安心です。

高校生になる姉もそろばんを習っているので、集中力と計算の力が付くことを期待して、妹にも早くから習わせたいと思っていました。

掛け算の九九は、スムーズに早く覚えることができました。小学校の授業で習う段階では、すでに身に付いているので授業を集中して受けることができていると思います。

そろばん教室の学習進度で、暗算に苦手意識があることが早くにわかりました。少しずつ上達して自信を付けてもらいたいと思います。学校の授業でいきなりつまずくことなく、娘個人の学習の理解度が把握できるので、親も安心です。

ミホさん（千葉県「キッズくらぶ湖北教室」）

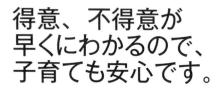

第5章

少子高齢化時代の社会に必要な「そろばん先生」

1 地域社会に必要なそろばんの力

地域社会の課題をそろばんが解決

本書では、ここまでにそろばん学習と「そろばん先生」の可能性について、そろばん教室の広がりや実際に教室で学ぶ児童、その親の視点からその実態を見てきた。その結果、幼児期の能力開発に「イメージコントロール」を用いる有効性や、「そろばん先生」の個別指導が学校教育では難しい面を補完していることは、多くの事例から確認することができた。

最終章では、そろばん学習が幼児教育の分野にとどまらず、もっと大きな社会的視野で注目を集めつつある現状を見ていくことにする。取材に応じてくれたのは、淑徳大学でコミュニティ政策学科の学科長を務める矢尾板俊平准教授（以下、矢尾板先生）だ。「コミュニティ」とは、共通の帰属意識を持った人々による集団のことで、例えば、自治会や町内会などの地域社会のことを指す。「コミュニティ政策」とは、幅広い視点から地域社会の問題解決、新しい社会のあり方の構想を、企業や地域住民、教育機関が連携して実現できるような提案をしていく取り

矢尾板俊平先生。淑徳大学コミュニティ政策学部コミュニティ政策学科准教授。現代社会の問題を解決するために、法律や経済、政治などのシステムはどのように有効なのか。また、その システムが上手くいかないとすれば、どのような問題があり、どのように改善すれば良いのか。そうしたテーマについて、特に、公共選択の視点（皆に関わる問題をいかに決めるのかという視点）から検討している

組みのことである。政府による研究会や各大学に専門学部が設置され、取り組みが影響する分野は、地方自治から観光、産業、社会福祉など幅広い。

社会の課題解決に将来取り組みたいと考える大学生たちを指導する立場の矢尾板先生が近年注目しているのが、そろばん学習だという。まず、その経緯をうかがった。

「私が所属しているコミュニティ政策学部の特徴は、サービスラーニングと呼ばれる学修方法を積極的に取り入れている点です。これは、地域と連携した参加型・双方向型の体験学習を実践し、実際に地域の課題に取り組む中で学んだことを活かし、さらに自らの学問研究や進路について視野を広げていく新しい教育プログラムです。大学の所在地である千葉県内でさまざまな研究や地域連携活動に取り組んでいます」

2013年度、矢尾板先生の研究室では、千葉県高齢者福祉課の「元気な高齢者の地域活動等促進事業」を受託した。

内容は、さまざまな経験、知識やスキルを持つ高齢者の方を対象に、健康を維持し、地域活動に参加する仕組みを考えて実践することだった。矢尾板先生は、地元のNPO法人や石戸珠算学園と連携し「大人のそろばん教室～脳内イキイキプロジェクト～」を開催した。子どもの頃にそろばんを習っていた人、未経験者の人が、そろばんを楽しみながら一緒に脳を活性化するトレーニングをしようという試みだ。

「大人そろばん」の効果

「定年後も長く続く老後の生活で、誰にも共通するのが健康面での課題です。とくに近年では、認知症への関心が高まっています。高齢者の方ご本人はもちろん、認知症が進むと介護や見守りなど周囲の負担も大きくなります。認知症を予防し、自分の力でいきいきとした生活を続けられる『健康余命』を伸ばすためには、脳を活性化させる生活習慣が必要です。

そのためには、これまで培ってこられた経験、知識、スキルを使って、「生きがい」や「喜び」を感じながら、チャレンジしていくことが大切です。徳島県上勝《かみかつ》町の事例などを見ていますと、生涯、活躍できる場があることが、脳を活性化させ、心身ともに健康になる秘訣なのではないかと思います」

そこで矢尾板先生が着目したのは、そろばんだ。高齢者向けのデイケアでも、さまざまな活動が行われているが、歌唱や手芸、簡単なゲームなどが多い。高齢者の中には、そうした「レジャー」や「習い事」に対して拒否反応を示す人も少なくないという。そのために参加を渋り、他人と接する機会を逃してしまうことにもなる。そろばんであれば、世代的に昔習ったことがある人や仕事の現場で使っていた経験を持つ人も多い。また、そろばん未経験の人でも、「脳トレーニングのためにそろばんをやってみませんか？」と言われれば、参加しやすいと考えたのだ。65歳以上の高齢者に参加を呼びかけたところ、多くの参加者から好評を得たという。以降、年度を重ねながら「大人そろばん」の取り組みを継続している。

「年度ごとに5～6回。毎回10人程度の方に参加いただいています。10人程度の規模が、コミュニケーションを取りながら対応や交流ができるのでちょうどいいですね。回を重ねて参加することで楽しさや意欲が増しているのを感じます。

参加意欲だけでなく、本来の目的である脳力の維持や活性化にどの程度の効果があるのかを、暗記力の確認や間違い探しテストなどで検証もしています。まだ科学的に証明できるまでには至っていませんが、個々の方々を見る限りでは、良い効果があるという印象を得ています」

子どもの頃のそろばん学習が人生を豊かにする

矢尾板先生自身のそろばん経験は、高校在学時に3級を取って以来だったそうだ。「改めてやってみると、大人にとってもそろばんはとても効果的なツールだということを実感しました。計算だけなら電卓でもできますが、人間は数字を入力する作業しか携わっていません。一つひとつの数字を検証するプロセスがないため、結果の数字に間違いがあっても気付けない。電卓が出す答えだけを信じて資料を作ると、プロセスを追って検証していないので、間違えてしまうのでしょうね。頭の中に数字をすぐに置き、プロセスを素早く追うことによって、その数字に何か違和感を持ちます。その違和感によって、問題点を発見することができ、解決策を講じることができるようになります。成功された経営者とお話をしていると、こうした能力がとてもすごいと感じます。

いま、「ディープラーニング」という言葉が注目されています。人工知能が試行錯誤のプロセスの中で検証を繰り返しながら、正しい答えを模索していく。これはＡＩの世界の話だけではなく、教育の議論でも語られる言葉です。将来が予測困難な現代社会において、唯一の答えがない問題に対して、自分の頭で考え、最善解を導いていくためには、思考のフレームと思考いるそうだ。

の習慣を身に付けることが求められます。『そろばん』は、その訓練としても最適です」

矢尾板先生は、子どもを持ったときは、「そろばんと英語は早くから学ばせたい」と考えている。

「そろばんを使うことで、数字を処理する能力が発達するのと同時にプロセスをイメージする力も育まれます。すべてが頭の中で処理できるようになると、これは数字だけでなく、さまざまな思考において有効に働きだします。検証する能力、考える力というのは、いわゆる『学力』だけに必要なのではなく、人生においてずっと必要な人間力であり、それを高めることが人間性を豊かにし、ひいてはその人の人生を豊かにすることにつながっていくと思います。そろばん学習が何につながるかといえば、すべてにつながるともいえるのです」

2

生きがいを支えるそろばんの可能性

セカンドライフのセカンド起業

矢尾板先生は「大人のそろばん教室」の先に1つのゴールを考えている。それは、定年後にそろばんを用いた「セカンド起業」にチャレンジしてもらうことだ。

「近年、社会の課題解決の方法として『ソーシャルビジネス』の考え方が注目されています。ソーシャルビジネスとは、対価を得ながら、社会の課題を解決していく手法です。対価を得ると言っても、お金を儲けることが目的ではありません。対価を得られるということは、自身の活動が社会的に評価されたということ。それが自身の『生きがい』や『喜び』『幸せ』を生み出していくのです。稼いだお金を自分のために使うかもしれないし、お孫さんにお小遣いとしてあげるかもしれない。お金を使えば、地域で新しい仕事が生まれるかもしれない。こうした『小さな経済の循環』が地域の活力にもつながっていくのではないかと思います。地域力が弱くなっている現代社会において、こうした視点は、まさにコミュニティ政策という学問が向き合っていくべきテーマだと思っています」

高齢者の健康維持のツールとしてそろばん学習を活用する。幼児教育にそろばん学習を活用する。このふたつの社会的ニーズは、たとえば孫と祖父母がそろばんを介してコミュニケーションを深める場を生み出す。それは家庭内や地域イベントとしてとどまらず、ビジネスモデルとしての可能性も持っているというのだ。

「年金プラスαの収益を得るために高齢者がそろばん教室を起業する。セカンドライフを自ら安定させるセカンド起業にそろばんは有効だと考えています。珠算指導資格を老後に取得するだけでなく、人生設計に早くから組み込んで取得しておく。そして年金生活に移行するときに起業することで、『生きがい』と活躍の場をソーシャルビジネスという形式で作ることができる。そうしたそろばん学習の担い手となる人材育成を『大人そろばん』の先にイメージしています」

「そろばん先生」は、社会や地域の課題を解決する担い手としての可能性も持っているようだ。

「おとなそろばん教室」の募集チラシ。
毎回、多くの参加者から好評を得ている

3 「そろばん先生」は世界で必要とされる

「そろばん先生」はあなたかもしれない

そろばん学習の実体を探っていくと、その担い手である「そろばん先生」の存在感が徐々にくっきりとした輪郭を持つものとなっていった。それは、人生のスタートでそろばんを始めた子どもを導く大人の姿であり、その子どもの将来の姿でもあった。

そろばん学習に40年以上携わってきた石戸先生が、今、いちばん力を注いでいるのが「そろばん先生」の育成であるというのも、鶏と卵とどっちが先かを悩む前に、どちらも今存在している必要があると考えているからかも知れない。漠然とそう思いつつ、再度、石戸先生のもとを訪ねた。

「地域という視点で見れば、幼児の能力開発の担い手としての『そろばん先生』はまだまだ足りない。『そろばん先生』になり得る人は、まだ自覚していない人も含めて多くの予備軍がいます。これは日本全国どこでも同じです。私が40年間足場としてきた千葉県でさえまだ足りないのです。そして、教育において日本よりも課題を抱え、出口の見えない国は世界中にあります。その多くの場所で、そろばんは有効な解決手段となり得るでしょう。

人生の選択として『そろばん先生』を選ぶということは、活躍の場は日本中に、そして世界中にあるということです。でも、そんな大きな夢は持たないという人が大半でしょう。だからこそイメージしてほしいのです。自分の暮らす地域で、地元の子どもたちと向き合う自分の仕事が、世界レベルの教育の提供であるということを常に感じることができるということを。

スポーツを趣味で楽しむ人は、プロやトップアスリートの試合も楽しめるでしょう。旅行や趣味と同じくらい、暮らしに充実感を与えるひとときになるはずです。そろばんを自分の人生の一部として持つことは、そうした豊かな足場を内面に持つことにもなるのです。仕事として考えたら、これほどやりがいを感じられるものはそうないのではないでしょうか」（石戸先生）

そろばん学習を必要としている人は、あらゆる世代、あらゆる地域に存在している。それは、自分の暮らす地域にも必ずいるということでもあるし、自分自身がその1人でもあるのだ。周囲を見渡して「そろばん先生」がいないとしたら、誰かが「そろばん先生」の登場を待っていると考えていいだろう。

その「そろばん先生」になるのは、あなた自身かもしれないのだ。

4 「そろばん先生」という人生の選択

地域から必要とされる存在になる

石戸珠算学園では、「いしど式」そろばん教育の担い手としての「そろばん先生」の養成に力を入れているが、その目標は規模の拡大ではないと沼田先生は言う。

「一般的なフランチャイズの手法により、全国一律にグループ教室を増やしていくことも可能です。しかし、それでは本来の目的である現代社会において必要とされている教育の普及にはつながりません。残念なことに中身がスカスカの教育というのは、巷にたくさんあります。看板はどこの町でも見かけるけれど、そこで何を学んだか、それが人生にどう役立ったか、そんな話がまったく聞かれないものを反面教師とし、品質を保った本当の教育を着実に広げていきたいと考えています。

ですから、『いしど式』のグループ校となった方や企業が、たくさんの教室を開きたいと希望されてもお断りしています。1年間に開ける教室数は4教室までとし、その可否も個々のケ

「そろばん先生」は、学校の先生以上に１人の子どもと関わる時間が長い。
そろばん教室で習い、身に付けた多くのことが、人生の節々で役立ち、
そのたびに思い返される

ースを精査して慎重に判断しています。その基準の1つが、地域の反響です。1人の『そろばん先生』が教室をスタートさせた後、通った子ども、その親からの支持は得られたか、その反響は地域に広がっているのか、その『そろばん先生』が地域から必要とされているのかを見極めることが重要です」(沼田先生)

2章で紹介した「そろばん先生」の多くは、地域への貢献を動機に挙げていた。平均余命が長くなるにつれ、現役時代は会社人間でも、定年後の人生は自分が暮らす地域社会との関わりの善し悪しで充実度が変わっていく。受け身でいれば、自宅の周辺が開発や新規住民の暮らしに合わせて変わっていくことも不満にしかならないだろう。しかし、自分自身が、地域を変えていく存在となっ

たなら、地域に必要とされている自覚が得られたなら、日々の充実感は大きく変わっていく。

石戸先生も沼田先生も、「そろばん先生はすごく幸せな仕事だ」と言う。

自分の人生を自分で選択する

「人生の最終において、周囲に何と言われたいかと聞けば、みなさん同じ言葉を思い浮かべるはずです。〝あなたがいてくれて良かった〟〝あなたのお陰です。ありがとう〟と存在価値を認めてもらう言葉ではないでしょうか。それが正直な、人としての欲望の1つだと思います。学校の先生は、1年か2年で担任が代わってしまいます。しかし、『そろばん先生』は、関わる時間が長い。そして習ったことが、人生の節々で役立ち、そのたびに思い返される。〝先生のお陰です〟と改めて言われることが毎日のようにある。こんないい仕事はそうはないですよ」（石戸先生）

沼田先生は、「そろばん先生」は「職人」でもあるという。終身雇用制度が確かなものでなくなり、定年まで勤めあげても、そのキャリアを第二の人生に活かすことが難しい時代になった。手に職を持つ職人は、改めて評価をされているが、専門能力ゆえに技術や知識のアップデートが追いつかないと、新しい世代と競業していくことが難しい、その点、「そろばん先生」は、日々の現場の経験が積み重なり、キャリアが能力に比例していくタイプの職人といえるようだ。

「そろばん学習は、幼児教育であれば、人の原点を育てることに関わることができます。『大人そろばん』であれば、生活のリスタート、能力の維持など、その人の人生を踏まえて〝これから〟の一歩一歩を一緒に力強いものにする伴走者として多くを学べます。その経験、知識、対応力は、月日を重ねるほどに豊かになり汎用性も高まる。人を育てながら、日々、自分自身も育てることができるのが『そろばん先生』なのです。しかもスタートする年齢や性別も関係ありません。自分が歩んできた道が自信になり、周囲からの評価となり、変わらぬ情熱が維持できる仕事です。そういう意味でもすごく幸せな仕事だと思います」（沼田先生）

出産育児で離職した女性が、新たな職能でフレキシブルな時間活用で継続可能な職業を得る。定年退職を前に、職場で培ったキャリアとはまったく異なる資格・技能を準備して早期退職し、セカンドライフを安定させる。時代の変性で継続が難しい家業をソフトランディングさせるために、負荷の少ないサイドビジネスを準備する……。現在、いろいろな場所でさまざまな条件の人びとが思い描く現状打開の葛藤に、「そろばん先生」は有効な選択肢になろうとしている。

そしてそれは、児童教育、生涯教育、地域の活性化、地方再生という、社会的課題の克服と結び付く可能性を持ち始めている。

本書では、そろばん学習の再評価が、どのような背景を持ち、どのような担い手によって広まっているのかを見てきた。前著から8年が経過し、国内外で大きな変化が起き、先行きはますます不透明な時代となった。そうした時代にあって、「そろばん先生」という人生の選択には、多様な可能性があることを強く感じた。

日本、世界の子どもたちが「そろばん先生」を必要としている

あとがき

取材を終えて、前著の取材時と大きく違う印象が残ったのは、親たちがそろばん教育に期待する点が、計算や学習能力だけではないという点だった。

集中力、学習態度の向上は、そろばん学習を始めてから気付く効果として以前から評価され、それが口コミで広がり、新たな学習希望者が増えていく実態があった。今回、なぜ子どもをそろばん教室に通わせるかという問いに対し、「がんばり続けることの大切さを経験で知ってもらいたい」「やればできる喜びをたくさん経験してほしい」という答えを多く聞いた。

こうしたものは、従来、競技スポーツや楽器演奏やバレエなどの技術習得タイプの習い事求められた要素だと思われる。計算力や暗算力、学習習慣の向上といった従来のそろばん教育に求められていたものは、小学校4年生頃からの学習塾へ行く前の準備の面が大きかった。

しかし、今、そろばん教室に子どもを通わせる親たちは、子どもの人生のずっと先、人として暮らし、働く上で必要な「忍耐力」「やりがい」の基礎をそろばん学習の経験から身に付けて欲しいと望んでいる。まさに本書で石戸先生が「読み、書き、そろばんの中で、そろばんがすべての最初にあるべき土台だった」ことが復活しているかのようだ。

子どもに関連した事件や事故が報じられるたびに、「しつけ」が語られることが多くなった。しかし、識者も世論もまったく逆の意見が対立する。さらに大学生の行動がインターネット上で「炎上」するたびに、「常識」を身に付けさせるのは、学校か親かというそもそもが論じられる。しかし、何かが起きてしまってから「どうしておけば良かったのか」と他人が頭を悩ませても答えは出てこない。

子どもたちの未来のために、そろばん教室に通わせる。その親の選択に、明確な答えはないのかもしれない。しかし、日々の成長は、そろばんを使った計算技術だけではなく、人間力の向上だと実感することで、まだ見ぬ子どもたちの未来に少なくない安心感が担保できるのだ。その特別な場は、多くの「そろばん先生」の誕生によって全国に広がりつつあり、特別な場ではなくなろうとしていることが、今回の取材でわかった。

今回も前著に続き、取材と監修に石戸謙一先生の協力を得ることができ、現場の熱気を伝えることができた。末筆ながら、取材に協力いただいた多くの方々と合わせ感謝申し上げます。

著者
塩澤 雄二
しおざわゆうじ

フリージャーナリスト。出版社、制作会社、日本航空機内誌編集部を経て、編集・執筆のフリーランスに。出版物やウェブなどさまざまな媒体で活動中。国内外を問わず、地域性を背景に持つ文化・人・現代に視線を向けた紀行文・レポートを執筆。とくに酒を嗜好品ではなく、食文化を支える重要な要素と位置付け、その可能性を探っていくことを主要なテーマとしている。著書に津軽三味線奏者の吉田兄弟と共著の『吉田兄弟という生き方』（宙出版）、食育をテーマにしたエッセイ『カテサイ！家庭菜園は“失敗”も楽しい』（マイクロマガジン社）、そろばん学習の可能性を探った『できる子はやっぱりそろばんをやっている なぜ、計算だけでなく全ての勉強に役立つのか？』（青月社）、編著書に日本の食の課題を分析した『ここまで壊れた日本の食卓 食で守る日本人のDNA』（マイクロマガジン社）がある。
http://www.kagurasyuppan.com（神楽出版企画）

監修者
石戸 謙一
いしどけんいち

白井そろばん博物館館長。石戸珠算学園会長。全国珠算連盟理事長。千葉県そろばんを楽しむ会代表。グァテマラ・マヤ文化協会理事。1973年、千葉県白井市に石戸珠算学園を設立。能力開発トレーニングをそろばん学習に取り入れた独自のカリキュラムと、生徒のやる気、のびる力を導くマンツーマンの指導方法でそろばん教育を改革。2000年には、いち早くeラーニングを実現した「インターネットそろばん学校」を開校し、2002年に珠算業界初の経営革新支援法の認定を受ける。2016年現在、石戸珠算学園は、千葉県を中心に直営校28教室を数える。2006年からは、そのノウハウを提供した「いしど式」グループ教室を全国に展開。また、グァテマラ、ポーランド、モンゴルなど、世界各地でそろばん学習による地域振興を積極的に支援している。
http://www.soroban-muse.com（白井そろばん博物館）

取材協力

石戸珠算学園
全国珠算連盟の教師資格を持つ「そろばん先生」によるマンツーマン指導で、1人ひとりの子どもに合った着実な脳力開発を実践。常に最新の教育理論、トレーニング理論を指導・カリキュラムに反映し、時代のニーズに応える学習環境と未来を見据えた成長を育む指導は、教育界のみならず、産学の幅広い分野から注目を集めている。その「いしど式」メソッド実現の品質の高さから、2010年に「グレートカンパニーアワード 顧客満足賞」受賞。IT活用の実績では、2013年に「中小企業IT経営力大賞」(主催・経済産業省)優秀賞受賞。他にも、2013年に「千葉県経営革新企業 最優秀賞」(主催・千葉県)受賞。2015年には「男女共同参画推進事業所表彰 奨励賞」(主催・千葉県)を受賞し、女性が働きやすく、活躍できる点が高く評価されている。
☎047-492-2388
http://www.ishido-soroban.com/

むぎ進学教室
きらめキッズ速学くらぶ
パチパチそろばん速算スクール
チャレンジそろばん八女教室
いしど式速算義塾
石戸珠算学園 おおあみ中央教室
夢限珠算塾
フォルスそろばん教室
キッズくらぶ湖北教室

写真撮影協力

@c.w.kyoko(丸山京子)
神楽出版企画

伸びる子は土台で決まる

発行日	2016年9月28日　第1刷
定　価	本体1500円＋税
著　者	塩澤 雄二
監　修	石戸 謙一
発　行	株式会社 青月社
	〒101-0032
	東京都千代田区岩本町3-2-1　共同ビル8階
	TEL 03-6679-3496　FAX 03-5833-8664
印刷・製本	株式会社シナノ

ISBN978-4-8109-1305-7